普通高等教育能源动力类系

工程热力学学习指导

王修彦 编

机械工业出版社

本书是普通高等教育"十一五"国家级规划教材《工程热力学》(第2版,王修彦主编)的配套教材。书中内容按照主教材的章编排,包括基本概念、热力学第一定律、理想气体的性质、理想气体的热力过程、热力学第二定律、热力学一般关系式及实际气体的性质、水蒸气、湿空气、气体和蒸汽的流动、制冷与热泵循环、蒸汽动力装置循环、气体动力装置循环和化学热力学基础。每章的主要内容是本章知识要点和习题解答。本书的最后有几套期末考试题和研究生入学的考题通过二维码提供,供读者练习。

本书可供高等工科院校能源与动力工程、建筑环境与设备工程、核工程与核技术、工程热物理、安全工程等专业本科生学习使用,也可供有关工程技术人员参考。

图书在版编目(CIP)数据

工程热力学学习指导/王修彦编. —北京:机械工业出版社,2023.12
(2025.1重印)
普通高等教育能源动力类系列教材
ISBN 978-7-111-74405-4

Ⅰ.①工… Ⅱ.①王… Ⅲ.①工程热力学-高等学校-教材
Ⅳ.①TK123

中国国家版本馆 CIP 数据核字(2023)第 236121 号

机械工业出版社(北京市百万庄大街 22 号 邮政编码 100037)
策划编辑:尹法欣 责任编辑:尹法欣 段晓雅
责任校对:甘慧彤 李小宝 封面设计:张 静
责任印制:单爱军
北京虎彩文化传播有限公司印刷
2025 年 1 月第 1 版第 2 次印刷
184mm×260mm · 10.5 印张 · 257 千字
标准书号:ISBN 978-7-111-74405-4
定价:39.00 元

电话服务 网络服务
客服电话:010-88361066 机 工 官 网:www.cmpbook.com
　　　　　010-88379833 机 工 官 博:weibo.com/cmp1952
　　　　　010-68326294 金 书 网:www.golden-book.com
封底无防伪标均为盗版 机工教育服务网:www.cmpedu.com

前言

　　"工程热力学"是一门公认的比较难学的工科课程，其学习难点体现在概念抽象和内容繁多等方面。为了提高教者的教学水平，也为了提高学习者的学习效果，特编写了本书。

　　编者认为要想学习好"工程热力学"课程，除了要牢牢掌握基本概念，还要进行大量的练习。所以，本书每章的主要内容设置为本章知识要点和习题解答。

　　"本章知识要点"部分梳理了各章的主要知识点，并对重点内容用★进行标记，对难点内容用▓进行标记。

　　"习题解答"部分包括简答题、填空题、判断题、计算题，有的章还有分析题和拓展题。有的习题给出了一题多解，有的习题只给出了思路，做了提示。希望通过这种方式，更好地帮助读者开拓思路，培养创新思维，并提升读者学以致用、解决工程问题的能力。在本书最后通过二维码提供了部分考试题，以期能够帮助读者更好地理解、贯通各章内容。

　　本书是编者多年教学经验的总结，在此要特别感谢课程组的李季、张晓东、段立强、张俊娇、郭喜燕、翟融融、李元媛等老师的帮助。

　　由于编者水平有限，书中难免有疏漏与不妥之处，恳请广大读者批评指正。

编　者

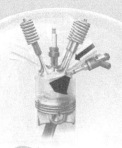

目 录

第1章

基本概念

1.1 本章知识要点

1. 基本概念

工质、热力系统、闭口系统、开口系统、绝热系统、孤立系统、准平衡过程、可逆过程等。

2. 热力学第零定律

当系统 C 同时与系统 A 和 B 处于热平衡时，则系统 A 和 B 也彼此处于热平衡。这个定律叫热平衡定律，又叫作热力学第零定律。

3. 温度

热力学温度和摄氏温度的关系

$$\{T\}_K = 273.15 + \{t\}_{℃}$$

1）计算温差时，二者没有区别，$\Delta T = \Delta t$。

2）在应用理想气体状态方程、计算理想气体及固体（液体）的熵差、卡诺循环热效率等场合，必须使用热力学温度。★

3）在计算饱和水的焓、湿空气的焓等场合，必须使用摄氏温度。★

4. 压力

在进行热力计算时必须使用工质的绝对压力。当绝对压力高于大气压力时，其值等于大气压力加上表压力；当绝对压力低于大气压力时，其值等于大气压力减去真空度。

★ $$p = p_b + p_g \qquad p = p_b - p_v ^{\ominus}$$

5. 比体积

比体积是指单位质量工质所占有的体积（曾称为比容），它和密度互为倒数。

$$v = \frac{V}{m}$$

○ 本书公式中各符号含义与主教材相同。

6. 膨胀功

膨胀功是过程量，而不是状态量。在 p-V 图上任意可逆过程曲线与横坐标所包围的面积即为在此热力过程中热力系统与外界交换的功，因此，p-V 图又称为示功图。

$W>0$ 表示对外膨胀做功；$W<0$ 表示工质被压缩，消耗功。

7. 热量

热量也是过程量，而不是状态量。在 T-S 图上任意可逆过程曲线与横坐标所包围的面积即为在此热力过程中热力系统与外界交换的热量，因此，T-S 图又称为示热图。

8. 热力循环

1）正向循环的热效率。

★
$$\eta_t = \frac{w_{net}}{q_1} = \frac{q_1 - q_2}{q_1} = 1 - \frac{q_2}{q_1}$$

2）逆向循环的制冷系数 ε 和热泵系数（有时也称为供暖系数或供热系数）ε'。

★
$$\varepsilon = \frac{q_2}{w_{net}} = \frac{q_2}{q_1 - q_2}$$

★
$$\varepsilon' = \frac{q_1}{w_{net}} = \frac{q_1}{q_1 - q_2} > 1$$

1.2 习题解答

1.2.1 简答题

1. 什么是热力学系统？闭口系统和开口系统的区别在什么地方？

【答】 被人为地分隔开来作为热力学研究的对象称为热力学系统，简称热力系统、热力系或系统。

闭口系统和开口系统的区别在与外界是否有物质交换。与外界有物质交换的是开口系统，与外界没有物质交换的是闭口系统。

2. 表压力（或真空度）与绝对压力有何区别与联系？为什么表压力和真空度不能作为状态参数？

【答】 绝对压力反映了系统内分子运动的真实水平，故可以作为状态参数。表压力 p_g（或真空度 p_v）是相对于大气压力的压力表（计）的读数。当绝对压力不变时，如果当地大气压力发生变化，压力表的读数会随之发生变化，所以，表压力和真空度均不能作为状态参数。当表压力或真空度为 0 时，并不表示没有压力，而是指绝对压力等于当地大气压力。

3. 状态参数具有哪些特性？

【答】 状态参数的最鲜明特性是其值取决于系统所处的状态，而与系统经历的过程无关。从数学上可以分为积分特性和微分特性。

1）积分特性。

$$\Delta Z = \int_1^2 dZ = \int_{1-a-2} dZ = \int_{1-b-2} dZ = Z_2 - Z_1$$

$$\text{或} \oint \mathrm{d}Z = 0$$

2）微分特性。如果状态可由状态参数 X、Y 确定，即 $Z=f(X,Y)$，则有

$$\mathrm{d}Z = \left(\frac{\partial Z}{\partial X}\right)_Y \mathrm{d}X + \left(\frac{\partial Z}{\partial Y}\right)_X \mathrm{d}Y$$

令

$$\left(\frac{\partial Z}{\partial X}\right)_Y = M, \quad \left(\frac{\partial Z}{\partial Y}\right)_X = N$$

则

$$\mathrm{d}Z = M\mathrm{d}X + N\mathrm{d}Y$$

因为 $\mathrm{d}Z$ 是全微分，所以

$$\left(\frac{\partial M}{\partial Y}\right)_X = \left(\frac{\partial N}{\partial X}\right)_Y \tag{1-1}$$

式（1-1）是全微分的充分必要条件，也是判断任何一个物理量是否是状态参数的充分必要条件。

4. 平衡和稳定有什么关系？平衡和均匀有什么关系？

【答】 平衡和稳定的关系：平衡必稳定，稳定不一定平衡。严格说来，平衡和均匀没有关系。平衡是指不随时间而变化，均匀是指不随空间而变化。对于不计重力影响的气体而言，如果它是平衡的，同时它也是均匀的。

5. 工质经历一不可逆过程后，能否恢复至初始状态？

【答】 工质经历一不可逆过程后，当然可以恢复至初始状态。

6. 使系统实现可逆过程的条件是什么？

【答】 系统实现可逆过程的条件是：内外势差（压力差、温度差等）无限小，有足够的时间恢复平衡，无任何耗散效应，即可逆过程是无任何耗散效应的准平衡过程。

7. 实际上可逆过程是不存在的，那么，为什么还要研究可逆过程呢？

【答】 首先，把实际的不可逆过程简化成可逆过程会使问题简化，便于抓住问题的主要矛盾和本质特征；其次，可逆过程提供了一个标杆，虽然它不可能达到，但是它是一个奋斗目标；最后，对于理想可逆过程的结果进行修正，即得到实际过程的结果。

8. 为什么说 ΔS 的正负可以表示可逆过程中工质的吸热和放热？温度的变化 ΔT 不行吗？

【答】 由可逆条件下熵的定义 $\mathrm{d}S = \dfrac{\delta Q}{T}$，可得 $\delta Q = T\mathrm{d}S$，其中热力学温度 T 恒大于 0。所以，可逆过程中工质的吸热（$Q>0$）和放热（$Q<0$）仅仅取决于 ΔS 的正负，而不管温度是升高还是降低。

9. 气体膨胀一定对外做功吗？为什么？

【答】 气体膨胀不一定对外做功，比如气体向真空膨胀就不做功。

10. "工质吸热温度升高，放热温度降低"，这种说法对吗？

【答】 这种说法不对。工质吸热，其温度可能升高，可能降低，还可能不变，工质放热也是如此。

11. 经过一个不可逆循环后，工质又恢复到起始状态，那么，它的不可逆性表现在什么地方？

【答】 表现在外界发生了变化。

12. "高温物体所含热量多，低温物体所含热量少。"这种说法对吗？为什么？

【答】 这种说法不对。热量是过程量，不能说在某一状态下有多少热量。

13. 已知某气体的密度和比体积，能否确定气体所处的状态？

【答】 对于简单可压缩系统，需要两个独立的状态参数才能确定系统所处的状态。密度和比体积互为倒数，不是两个独立的状态参数，所以已知某气体的密度和比体积，不能确定气体所处的状态。

1.2.2 填空题

1. 热力学的三个基本状态参数是_____、_____、_____。

2. 状态参数熵的定义式为_____，它适用于_____过程。

3. 按照系统与外界有无物质交换来分，可分为_____系统和_____系统。

4. 与外界既不存在能量交换，也不存在物质交换的系统称为_____系统。

5. 根据表达的物理意义，p-V 图又称为_____图，T-S 图又称为_____图。

6. 已知某工质的密度为 $25kg/m^3$，则该工质的比体积为_____m^3/kg。

7. 某气体的温度 $t=30℃$，则该气体的热力学温度为 $T=$_____K。

8. 某地大气压力为 0.0985MPa，测得某容器内的表压力为 $360mmH_2O$，则该容器内的绝对压力为_____Pa，相当于_____mmHg。

9. 某逆向循环，外界输入 100kJ 的功，向高温热源放出 300kJ 的热量，如果它是制冷循环，则制冷系数为_____，如果它是热泵循环，则热泵系数为_____。

答案：1. 温度、压力、比体积；2. $dS=\dfrac{\delta Q}{T}$，可逆；3. 开口、闭口；4. 孤立；5. 示功，示热；6. 0.04；7. 303.15；8. 102031.6，765.43；9. 2，3。

1.2.3 判断题

1. 平衡必定稳定，稳定不一定平衡。（　　）

2. 工质吸热温度升高，放热温度降低。（　　）

3. 工质吸热熵增加，放热熵减小。（　　）

4. 热泵系数恒大于 1。（　　）

5. 工质的绝对压力不变，压力表的读数仍可能变化。（　　）

6. 热量和功一样都是过程量，而不是状态量。（　　）

7. 质量相同的同一种工质，温度越高，含有的热量越多。（　　）

8. 气体膨胀不一定做功。（　　）

答案：1. √；2. ×；3. ×；4. √；5. √；6. √；7. ×；8. √。

1.2.4 计算题

1. 为了环保，燃煤电站锅炉通常采用负压运行方式。现采用图 1-1 所示的斜管式微压计来测量炉膛内烟气的真空度，已知斜管倾角 $\alpha=30°$，微压计中使用密度 $\rho=1000kg/m^3$ 的水，斜管中液柱的长度 $l=220mm$，若当地大气压 $p_b=98.85kPa$，则烟气的绝对压力为多少 Pa？

【解】 真空度为

$$p_v = \rho g l \sin\alpha = 1000 \times 9.81 \times 0.22 \times \sin 30° \, \text{Pa} = 1079.1 \, \text{Pa}$$

烟气侧的绝对压力为

$$p = p_b - p_v = (98850 - 1079.1) \, \text{Pa} = 97770.9 \, \text{Pa}$$

2. 利用 U 形管水银压力计测量容器中气体的压力时，为了避免水银蒸发，有时需在水银柱上加一段水，如图 1-2 所示。现测得水银柱高 91mm，水柱高 20mm，已知当地大气压 $p_b = 0.1 \text{MPa}$。求容器内的绝对压力为多少 MPa？

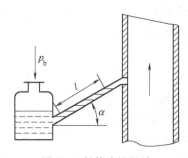

图 1-1 斜管式微压计

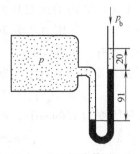

图 1-2 U 形管水银压力计

【解】 表压力为

$$p_g = 91 \times 133.3 \, \text{Pa} + 20 \times 9.81 \, \text{Pa} = 12326.5 \, \text{Pa}$$

容器内的绝对压力为

$$p = p_b + p_g = 100000 \, \text{Pa} + 12326.5 \, \text{Pa} = 112326.5 \, \text{Pa} = 0.1123265 \, \text{MPa}$$

3. 某容器被一刚性隔板分为两部分，在容器的不同部位安装有压力计，其中压力表 B 放在右侧环境中用来测量左侧气体的压力，如图 1-3 所示。已知压力表 B 的读数为 80kPa，压力表 A 的读数 0.12MPa，且用气压表测得当地的大气压力为 99kPa，试确定表 C 的读数，及容器内两部分气体的绝对压力（kPa）。如果 B 为真空表，且读数仍为 80kPa，表 C 的读数又为多少？

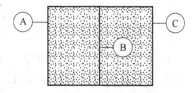

图 1-3 计算题 3 图

【解】 1）左侧绝对压力为

$$p_{左} = p_b + p_{gA} = (99 + 120) \, \text{kPa} = 219 \, \text{kPa}$$

若 B 为压力表，则右侧绝对压力

$$p_{右} = p_{左} - p_{gB} = (219 - 80) \, \text{kPa} = 139 \, \text{kPa}$$

表 C 的读数

$$p_C = p_{右} - p_g = (139 - 99) \, \text{kPa} = 40 \, \text{kPa}$$

2）若 B 为真空表，则右侧绝对压力

$$p_{右} = p_{左} + p_{gB} = (219 + 80) \, \text{kPa} = 299 \, \text{kPa}$$

表 C 的读数

$$p_C = p_{右} - p_g = (299 - 99) \, \text{kPa} = 200 \, \text{kPa}$$

4. 如图 1-4 所示，容器 A 放在 B 中，用 U 形管水银压力计测量容器 B 的压力，压力计的读数为 $L = 20 \text{cm}$，测量容器 A 的压力表读数为 0.5MPa，已知当地大气压力 $p_b = 0.1 \text{MPa}$，试求容器 A 和 B 的绝对压力。

【解】 $p_g = 200mmHg = 200 \times 133.3Pa = 26660Pa = 0.02666MPa$

B 容器绝对压力为

$$p_B = p_b + p_g = (0.1 + 0.02666)MPa = 0.12666MPa$$

A 容器绝对压力为

$$p_A = (0.5 + 0.12666)MPa = 0.62666MPa$$

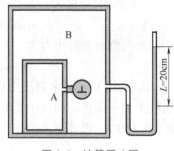

图 1-4　计算题 4 图

5. 凝汽器的真空度为 710mmHg，气压计的读数为 750mmHg，求凝汽器内的绝对压力为多少 kPa？若凝汽器内的绝对压力不变，大气压力变为 760mmHg，此时真空表的读数有变化吗？若有，变为多少？

【解】 凝汽器内的绝对压力为

$$p = p_b - p_v = (750 - 710)mmHg = 40mmHg = 5.332kPa$$

若大气压力变为 760mmHg，此时绝对压力不变，真空表的读数变为

$$p_v = p_b - p = (760 - 40)mmHg = 720mmHg$$

6. 英、美等国在日常生活和工程技术上还经常使用华氏温标（英制单位）t_F。在 1 标准大气压下，水结冰的华氏温度为 32℉，水沸腾的温度为 212℉。

1）求华氏温度和摄氏温度之间的关系。

2）某人测得自己的体温为 100℉，那么该人的体温为多少℃？

【解】 华氏温度和摄氏温度之间的关系为

$$\{t_F\}_{℉} = \frac{9}{5}\{t_C\}_{℃} + 32$$

将 100℉代入，$\{100℉\}_{℉} = \frac{9}{5}\{t_C\}_{℃} + 32$，解得 $t_C = 37.8℃$，即该人体温为 37.8℃。

7. 安全阀放在一压力容器上方的放气孔上，当容器内的表压力达到 200kPa 时，放气孔上的安全阀被顶起放出部分蒸汽，保证容器不超压，已知放气孔截面面积为 10mm²，求安全阀的质量。当地重力加速度 $g = 9.81m/s^2$。

【解】 表压力是超出大气压力基础之上的那部分压力，压力容器放在大气环境之下，容器内的表压力达到 200kPa 是安全阀产生的，所以此处不用考虑大气压力。

由 $p_g = \dfrac{mg}{A}$ 得

$$m = \frac{p_g A}{g} = \frac{2 \times 10^5 \times 10 \times 10^{-6}}{9.81}kg = 0.204kg$$

8. 气体初始状态为 $p_1 = 0.4MPa$，$V_1 = 1.5m^3$，气体经过可逆等压过程膨胀到 $V_2 = 5m^3$，求气体膨胀所做的功。

【解】 $W = \displaystyle\int_{V_1}^{V_2} p \mathrm{d}V = p\int_{V_1}^{V_2} \mathrm{d}V = p(V_2 - V_1) = 0.4 \times 10^6 \times (5 - 1.5)J = 1.4 \times 10^6 J$

9. 气体从 $p_1 = 0.1MPa$，$V_1 = 0.3m^3$ 压缩到 $p_2 = 0.4MPa$。压缩过程中维持下列关系 $p = aV + b$，其中 $a = -1.5MPa/m^3$。试计算过程中所需的功，并将过程表示在 p-V 图上。

【解法1】 积分法。

由 $p = aV + b$ 可得

$$b = p_1 - aV_1 = (0.1 + 1.5 \times 0.3) \text{MPa} = 0.55 \text{MPa}$$

$$V_2 = \frac{p_2 - b}{a} = \frac{0.4 - 0.55}{-1.5} \text{m}^3 = 0.1 \text{m}^3$$

$$W = \int_{V_1}^{V_2} p \, \mathrm{d}V = \int_{V_1}^{V_2} (aV + b) \, \mathrm{d}V = \frac{1}{2}a(V_2^2 - V_1^2) + b(V_2 - V_1)$$

$$= -0.5 \times 1.5 \times (0.3^2 - 0.1^2) \text{MJ} + 0.55 \times (0.3 - 0.1) \text{MJ} = -0.005 \text{MJ} = -50 \text{kJ}$$

负号表示消耗功。

【解法2】 面积法。该过程表示在 $p\text{-}V$ 图上如图 1-5 所示，可逆过程的膨胀功等于过程线 1-2 下面梯形的面积。

$$W = -\frac{1}{2}(p_1 + p_2)(V_1 - V_2) = -0.5 \times (0.1 + 0.4) \times 10^6 \times (0.3 - 0.1) \text{MJ}$$

$$= -0.05 \text{MJ} = -50 \text{kJ}$$

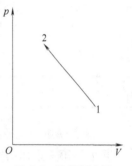

图 1-5 计算题 9 图

10. 两个直角三角形循环的 $T\text{-}S$ 图如图 1-6 所示，其中 $T_1 = 600\text{K}$，$T_2 = T_3 = 300\text{K}$，$T_4 = T_5 = 290\text{K}$，$T_6 = 250\text{K}$，求：

1) 循环 1-2-3-1 的热效率。

2) 循环 4-5-6-4 的制冷系数。

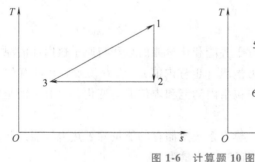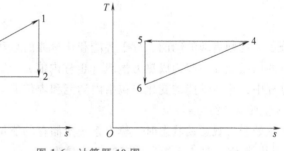

图 1-6 计算题 10 图

【解】 1) 循环 1-2-3-1 沿顺时针变化，为正向循环。过程 1-2 熵不变，为绝热过程；过程 2-3 熵减少，为等温放热过程；过程 3-1 熵增加，为吸热过程。热效率为

$$\eta_{\mathrm{t}} = 1 - \frac{Q_2}{Q_1} = 1 - \frac{T_2 \Delta S}{\frac{1}{2}(T_1 + T_3)\Delta S} = 1 - \frac{2T_2}{T_1 + T_3} = 1 - \frac{2 \times 300}{300 + 600} = 33.33\%$$

2) 循环 4-5-6-4 沿逆时针变化，为逆向循环。过程 5-6 熵不变，为绝热过程；过程 6-4 熵增加，为从冷源吸收热量的过程；过程 4-5 熵减少，为向高温热源等温放热的过程。制冷系数为

$$\varepsilon = \frac{Q_2}{Q_1 - Q_2} = \frac{\frac{1}{2}(T_4 + T_6)\Delta S}{\frac{1}{2}(T_5 - T_6)\Delta S} = \frac{T_4 + T_6}{T_5 - T_6} = \frac{250 + 290}{290 - 250} = 13.5$$

第 2 章

热力学第一定律

2.1 本章知识要点

1. 热力学第一定律的实质

热力学第一定律的实质是能量守恒与转换定律在热力学中的应用。它可以表述为："当热能在与其他形式能量相互转换时，能的总量保持不变。"还可表述为："第一类永动机是不可能制成的。"

2. 热力学能

系统内分子不规则运动的动能、分子势能和化学能的总和与原子核内部的原子能，以及电磁场作用下的电磁能等一起构成热力学能（也称内能），用 U 表示。在没有化学反应及原子核反应的过程中，热力学能的变化只包括内动能和内位能的变化。热力学能是状态参数。

3. 热力系统所储存的总能量

当热力系统处于宏观运动状态时，热力系统所储存的能量除了热力学能外，还包括宏观动能 E_k 和宏观势能 E_p，热力系统所储存的总能量为

$$E = U + E_k + E_p = U + \frac{1}{2}mc^2 + mgz \tag{2-1}$$

单位质量工质的总能量为

$$e = u + e_k + e_p = u + \frac{1}{2}c^2 + gz \tag{2-2}$$

4. 焓

焓的定义式：$H = U + pV$。

单位质量工质的焓称为比焓，用 h 表示，即 $h = u + pv$。

5. 能量方程（表 2-1）★

表 2-1 能量方程

	闭口系统	开口系统
m（kg）工质	$Q = \Delta U + W$	$Q = \Delta H + W_t$

（续）

	闭口系统	开口系统
1kg 工质	$q = \Delta u + w$	$q = \Delta h + w_\mathrm{t}$
微元过程	$\delta q = \mathrm{d}u + p\mathrm{d}v$	$\delta q = \mathrm{d}h - v\mathrm{d}p$

6. 稳定流动能量方程

$$q = \Delta h + \frac{1}{2}\Delta c^2 + g\Delta z + w_\mathrm{i} \tag{2-3}$$

$$Q = \Delta H + \frac{1}{2}m\Delta c^2 + mg\Delta z + W_\mathrm{i} \tag{2-4}$$

7. 稳定流动能量方程的应用

1）锅炉及各种换热器。工质在锅炉和各种换热器中的吸热量等于工质的焓升。如果计算出 q 为负，则表示工质在换热器中对外界放热。

$$q = h_2 - h_1 \tag{2-5}$$

2）汽轮机和燃气轮机。★汽轮机和燃气轮机是热力原动机，不计动能和势能的变化时，工质在汽轮机或燃气轮机中所做的功就等于工质焓值的降低：

$$w_\mathrm{i} = w_\mathrm{t} = h_1 - h_2 \tag{2-6}$$

3）压缩机械。当工质流经泵、风机、压气机等压缩机械时，有

$$w_\mathrm{c} = -w_\mathrm{i} = -w_\mathrm{t} = (h_2 - h_1) - q \tag{2-7}$$

4）喷管。★

$$h_1 + \frac{1}{2}c_1^2 = h_2 + \frac{1}{2}c_2^2 \tag{2-8}$$

5）绝热节流。★

$$h_1 = h_2 \tag{2-9}$$

虽然绝热节流前后焓不变，但由于存在摩擦和涡流，流动是不可逆的，因此不能说绝热节流是等焓过程。

8. 符号表

前面的学习中见过一些符号，这些符号的写法是有讲究的，很多同学写作业时不注意细节，会犯各种错误，现汇总见表2-2。

表 2-2 符号表

分类 1	分类 2	名称	1kg	$m(\mathrm{kg})$	关系	微元量
状态量	强度量	温度	t、T	t、T		$\mathrm{d}t$、$\mathrm{d}T$
		压力	p	p		$\mathrm{d}p$
	广延量	体积	v	V	$V = mv$	$\mathrm{d}v$、$\mathrm{d}V$
		热力学能	u	U	$U = mu$	$\mathrm{d}u$、$\mathrm{d}U$
		焓	h	H	$H = mh$	$\mathrm{d}h$、$\mathrm{d}H$
		熵	s	S	$S = ms$	$\mathrm{d}s$、$\mathrm{d}S$
过程量		膨胀功	w	W	$W = mw$	δw、δW
		热量	q	Q	$Q = mq$	δq、δQ

2.2 习题解答

2.2.1 简答题

1. 制冷系数或供热系数均可大于 1, 这是否违反热力学第一定律?

【答】 不违反热力学第一定律。制冷系数大于 1 表示制冷量大于消耗的功, 供热系数大于 1 表示供热量大于消耗的功, 但是低位热源提供的热量加上消耗的功等于传向高温热源的热量, 整体上能量是守恒的。

2. 某绝热的静止气缸内装有无摩擦不可压缩流体。试问:

1) 气缸中的活塞能否对流体做功?

2) 流体的压力会改变吗?

3) 假定使流体压力从 0.2MPa 提高到 4MPa, 那么流体的热力学能和焓有无变化?

【答】 1) 不做功。

2) 流体压力会改变。

3) 根据热力学第一定律, 膨胀功和热量均为 0, 故流体的热力学能无变化。由焓的定义式 $H=U+pV$, 流体的焓将增加。

3. 微分形式的热力学第一定律解析式和焓的定义式为

$$\delta q = \mathrm{d}u + p\mathrm{d}v$$

$$\mathrm{d}h = \mathrm{d}u + \mathrm{d}(pv)$$

二者形式非常相像, 为什么 q 是过程量, 而 h 却是状态量?

【答】 此题看似理所当然, 很简单, 实则要用到状态参数的积分特性。如图 2-1 所示。

1)

$$\oint \delta q = \oint \mathrm{d}u + \oint p\mathrm{d}v = 0 + \int_{4\text{-}1\text{-}2} p\mathrm{d}v + \int_{2\text{-}3\text{-}4} p\mathrm{d}v$$

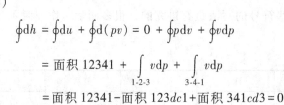

$$= 面积\ 412ba4 - 面积\ 234ab2 = 面积\ 12341 \neq 0$$

2)

$$\oint \mathrm{d}h = \oint \mathrm{d}u + \oint \mathrm{d}(pv) = 0 + \oint p\mathrm{d}v + \oint v\mathrm{d}p$$

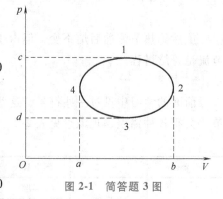

图 2-1 简答题 3 图

$$= 面积\ 12341 + \int_{1\text{-}2\text{-}3} v\mathrm{d}p + \int_{3\text{-}4\text{-}1} v\mathrm{d}p$$

$$= 面积\ 12341 - 面积\ 123dc1 + 面积\ 341cd3 = 0$$

由状态参数的积分特性可知, h 是状态量, q 不是状态量, 是过程量。

4. 地球上水的含量非常丰富, 通过电解水可以获得大量的氢气和氧气, 利用氢气和氧气可以进行热力发电, 或者可以利用氢-氧燃料电池发电。因此有人认为人类不会有能源危机。这种想法对吗? 为什么?

【答】 地球上确实有大量水, 但是水分子结构非常稳定, 通过电解水固然可以获得大量氢气和氧气, 但是需要付出代价, 即消耗电能, 由于实际过程的不可逆性, 用产生的氢气和氧气去发电是不能弥补前期电解水消耗的电能的。

5. 汽车配有发电机，有人认为可以让汽车边行驶边发电，发出的电再带动电动机驱动汽车，这样汽车就不用消耗燃料，这种想法对吗？

【答】 这种想法不对，这是典型的永动机思维，是违反热力学第一定律的。

6. 某报纸刊登了一则标题为"涡流技术真奇妙 冷水变热不用烧"的广告，其主要内容是：

"公司引进国外发明专利技术生产的液体动力加热器，是一种全新概念的供热设备，无须任何加热元件，依靠电动机带动水泵使高速运动的液体经过热能发生器形成空化现象，利用产生微颗粒气泡破裂释能机理，实现高效热能转化。产品的特点如下：对加热水质无特殊要求，不结垢，不需要任何水处理及化验设备；彻底实现水电隔离，产品安全可靠；无环境污染，自动控制，无须专人操作，一经设定即可长期安全使用；热效率达94%以上，长期使用，热效率不衰减。"

请利用所学的热力学知识，从能量转化的角度，对这个广告进行评价。

【答】 从能量转化的角度，这种产品消耗电能产生热能，既不违反热力学第一定律，又不违反热力学第二定律，是可以实现的。但是存在以下两个问题：①电能是高级能量，可以很简单方便地转化成热能，并不需要复杂的机械；②将电能这种高级能量转变成热能并不以100%为限，如果采用热泵技术是可以达到百分之几百的。所以广告中提到的"热效率达94%"并不值得夸耀。

7. 某公司生产"量子能供热机组"，其广告宣传称量子液是新型科技产品，是全球独创的、安全环保节能的高分子安全合成材料。量子能供热机组能合理有效地吸收量子液在激活状态下的量子能量及运行速度，不断使量子液激活而发生量变，量子液不断在激活状态下倍增释放能量，在加热过程中不断改变分子结构及运行速度，不断改变运行方向，不断产生摩擦，真正做到低能耗高能量转换之功效从而获得大量的高温热水。它无污染、零排放、无噪声，使用寿命长，用户体验优越，不受环境温度的影响。几种产品的参数见表2-3。

表2-3 某公司几种产品参数

参 数	1型机	2型机	3型机	4型机	5型机	6型机
产热水量/（kg/h）	400	600	1180	1770	2360	3550
采暖面积/m²	100~120	220~300	500~600	800~1000	1200~1500	1800~2000
电压/V	220/380	380				
额定功率/kW	10	15	30	45	60	90
制热量/kW	22	33	66	99	132	198

试利用所学的热力学知识分析这种产品宣称是否科学、恰当。

【答】 从上文中可以看出，制热量达到消耗的电功率2倍以上，量子液体本身并不会产生能量，请问额外的能量是从哪里变出来的呢？很明显违反了热力学第一定律。

8. 有人认为，既然冰箱能够制冷，那么在夏天门窗紧闭而把电冰箱门打开，室内温度就会降低。这种想法对吗？

【答】 这种说法不对。如图2-2所示，电冰箱门打开，冰箱内的冷空气流出，会使冰箱门附近的局部区域温度下降。但是如果以整个房间为研究对象，整个房间没有能量流出，而有能量流入（冰箱耗电），冰箱消耗的电能最后都转化成热能，会使整个房间的温度升高。

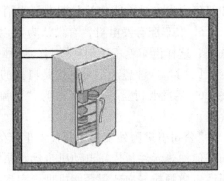

图 2-2　室内的电冰箱

2.2.2　填空题

1. 焓的定义式为 $H = $ _____。

2. 某燃煤火力发厂总发电功率为 1000MW，燃用发热量为 21888kJ/kg 的煤，机组发电效率为 41%。该厂每昼夜消耗煤 _____t。

3. 热力学第一定律的表达式为 $Q = \Delta U + $ _____，或 $Q = \Delta H + $ _____。

4. 工质绝热流经喷管的能量方程为 _____。

5. 稳定流动的能量方程式为 _____，当它应用于绝热节流时的简化形式为 _____，应用于汽轮机时的简化形式为 _____，应用于换热器时的简化形式为 _____。

答案：1. $U + pV$；2. 9627.73；3. W，W_t；4. $h_1 + \frac{1}{2}c_1^2 = h_2 + \frac{1}{2}c_2^2$；5. 略。

2.2.3　判断题

1. 热力学能和焓都是状态参数。（　　　）

2. 蒸汽在汽轮机内做的功等于其焓降只有在可逆过程中才成立。（　　　）

3. 第一类永动机违反能量守恒定律。（　　　）

4. 绝热节流是等焓过程。（　　　）

5. 绝热节流前后焓变，但不是等焓过程。（　　　）

6. 焓值越大，工质能量越多。（　　　）

7. 热力学第一定律的表达式为 $Q = \Delta U + W_t = \Delta U - \int_1^2 V \mathrm{d}p$。（　　　）

8. 循环的净功总等于循环的净热量。（　　　）

9. 稳定流动能量方程不能适应于有摩擦阻力的情况。（　　　）

答案：1. √；2. ×；3. √；4. ×；5. √；6. ×；7. ×；8. √；9. ×。

2.2.4　计算题

1. 定量工质，经历了表 2-4 所列的 4 个过程组成的循环，根据热力学第一定律和状态参数的特性填充表中空缺的数据。

表 2-4　循环过程

过程	Q/kJ	W/kJ	$\Delta U/kJ$
1—2	0	100	
2—3		80	-190
3—4	300		
4—1	20		80

【解】　1-2 过程　$\Delta U = Q - W = (0 - 100)\text{kJ} = -100\text{kJ}$

2-3 过程　$Q = \Delta U + W = (80 - 190)\text{kJ} = -110\text{kJ}$

3-4 过程　工质经过一个循环后热力学能的变化为 0，故有

$$-100\text{kJ} - 190\text{kJ} + \Delta U + 80\text{kJ} = 0$$

可得 $\Delta U = 210\text{kJ}$，故

$$W = Q - \Delta U = (300 - 210)\text{kJ} = 90\text{kJ}$$

4-1 过程　$W = Q - \Delta U = (20 - 80)\text{kJ} = -60\text{kJ}$

经过验算 $\oint \delta W = \oint \delta Q = 210\text{kJ}$，符合热力学第一定律。

2. 一闭口系统从状态 1 沿过程 1-2-3 到状态 3，对外放出 47.5kJ 的热量，对外做功为 30kJ，如图 2-3 所示。

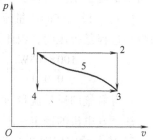

图 2-3　计算题 2 图

1）若沿途径 1-4-3 变化时，系统对外做功为 6kJ，求过程中系统与外界交换的热量。

2）若系统由状态 3 沿 3-5-1 途径到达状态 1，外界对系统做功为 15kJ，求该过程与外界交换的热量。

3）若 $U_2 = 175\text{kJ}$，$U_3 = 87.5\text{kJ}$，求过程 2-3 传递的热量，及状态 1 的热力学能 U_1。

【解】　过程 1-2-3 中　$\Delta U = U_3 - U_1 = Q - W = (-47.5 - 30)\text{kJ} = -77.5\text{kJ}$

过程 1-4-3 中　$Q = \Delta U + W = (-77.5 + 6)\text{kJ} = -71.5\text{kJ}$

过程 3-5-1 中　$Q = \Delta U + W = U_1 - U_3 + W = (77.5 - 15)\text{kJ} = 62.5\text{kJ}$

过程 2-3 中，V 不变，$W = 0$，有

$$Q = \Delta U = U_3 - U_2 = (87.5 - 175)\text{kJ} = -87.5\text{kJ}$$

而　　　　　　　　　$U_3 - U_1 = -77.5\text{kJ}$

可以得　　　　　　　$U_1 = U_3 + 77.5\text{kJ} = 87.5\text{kJ} + 77.5\text{kJ} = 165\text{kJ}$

3. 某电站锅炉省煤器每小时把 670t 水从 230℃ 加热到 330℃，每小时流过省煤器的烟气的量为 710t，烟气流经省煤器后的温度为 310℃，已知水的比定压热容为 4.1868kJ/（kg·K），烟气的比定压热容为 1.034kJ/（kg·K），求烟气流经省煤器前的温度。

【解】　不考虑省煤器的散热，水吸收的热量等于烟气放出的热量，即

$670\text{t} \times 4.1868\text{kJ/（kg·K）} \times (330℃ - 230℃) = 710\text{t} \times 1.034\text{kJ/（kg·K）} \times (t - 310℃)$

解得烟气流经省煤器前的温度为 $t = 692℃$。

4. 一台锅炉给水泵，将凝结水由 $p_1 = 6\text{kPa}$，升至 $p_2 = 2\text{MPa}$，假定凝结水流量为 200t/h，水的密度 $= 1000\text{kg/m}^3$，水泵的效率为 88%，问带动此水泵至少需要多大功率的电动机？

【解】　水泵消耗的功为技术功，先计算可逆情况下每千克水消耗的泵功为

$$w_P = -w_t = \int_1^2 v\mathrm{d}p = v(p_2 - p_1) = 0.001 \times (2 \times 10^6 - 6 \times 10^3)\text{J/kg} = 1994\text{J/kg}$$

则带动此水泵的电动机至少需要的功率为

$$P = \frac{200 \times 10^3 \times 1994}{3600 \times 0.88}\text{W} = 125.88 \times 10^3 \text{W} = 125.88\text{kW}$$

5. 制造某化合物时，要把一定质量的液体在大桶中搅拌，为了不致因搅拌而引起温度

上升，该桶外装有冷却水套利用水进行冷却。已知冷却水每小时吸收走的热量为 29140kJ，化合物在合成时每小时放出 20950kJ 的热量。求该搅拌机消耗的功率。

提示：搅拌是一种将机械能转变为热能的过程，化合物合成过程的放热量加上搅拌产生的热量等于冷却水带着的热量。

结果：该搅拌机消耗的功率为 2275W。

6. 发电机的额定输出功率为 100MW，发电机的效率为 98.4%，发电机的损失基本上都转化成热能，为了维持发电机正常运行，需要对发电机进行冷却，将产生的热量传到外界。假设全部用氢气冷却，氢气进入发电机的温度为 22℃，离开时的温度不能超过 65℃，求氢气的质量流量至少为多少？已知氢气的平均比定压热容为 $c_p = 14.3 \text{kJ}/(\text{kg} \cdot \text{K})$。

【解】 设氢气的质量流量为 $m(\text{kg/s})$。发电机产生的热量等于氢气吸收的热量，氢气的吸热过程是等压的，因此，可列如下能量平衡方程：

$$\frac{100 \times 10^6 \text{W}}{0.984} \times (1 - 0.984) = 14.3 \times 10^3 \text{J}/(\text{kg} \cdot \text{K}) \times m \times (65℃ - 22℃)$$

可得氢气的质量流量 $m = 2.644 \text{kg/s} \approx 9.52 \text{t/h}$

注：发电机的额定输出功率为 100MW，其输入功率应为 $100 \times 10^6 \div 0.984 \text{W}$。

7. 某实验室用图 2-4 所示的电加热装置来测量空气的质量流量。已知加热前后空气的温度分别为 $t_1 = 20℃$，$t_2 = 25.5℃$，电加热器的功率为 800W。假设空气的平均比定压热容为 $c_p = 1.005 \text{kJ}/(\text{kg} \cdot \text{K})$，试求每分钟空气的质量流量。

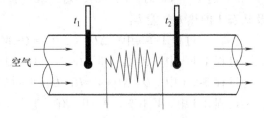

图 2-4　电加热装置测温

【解】 该试验段应该是绝热的，电加热器放出的热量等于空气吸收的热量，设每分钟空气的质量流量为 $m(\text{kg/min})$，于是有如下热平衡方程：

$$1.005 \times 10^3 \text{J}/(\text{kg} \cdot \text{K}) \times m \times (25.5℃ - 20℃) \times 1\text{min} = 800\text{W} \times 60\text{s}$$

可得空气的质量流量 $m = 8.684 \text{kg/min}$。

8. 某蒸汽动力厂中，锅炉以 40t/h 的蒸汽量供给汽轮机。汽轮机进口处的压力表读数为 9MPa，蒸汽的焓为 3440kJ/kg，汽轮机出口处真空表读数为 95kPa，当时当地大气压力为 0.1MPa，出口蒸汽焓为 2245kJ/kg，汽轮机对环境换热率为 $6.36 \times 10^5 \text{kJ/h}$。求：

1）进口和出口处蒸汽的绝对压力分别是多少？

2）若不计进、出口宏观动能和重力势能的差值，汽轮机输出功率是多少千瓦？

3）如进口处蒸汽流速为 70m/s，出口处为 140m/s，对汽轮机功率有多大影响？

【解】 1）进口蒸汽绝对压力为

$$p_1 = p_b + p_{g,1} = 0.1\text{MPa} + 9\text{MPa} = 9.1\text{MPa}$$

出口蒸汽绝对压力为

$$p_2 = p_b - p_{v,2} = 0.1\text{MPa} - 0.095\text{MPa} = 0.005\text{MPa}$$

2）根据稳定流动能量方程 $Q = \Delta H + W_t$，每小时汽轮机所做技术功（输出功）为

$$W_t = Q - \Delta H = -6.36 \times 10^5 \text{kJ} - 40 \times 10^3 \times (2245 - 3440)\text{kJ} = 4.7164 \times 10^7 \text{kJ}$$

因此汽轮机功率为

$$P = \frac{W_t}{t} = \frac{4.7164 \times 10^7}{3600} \text{kW} = 13101.1 \text{kW}$$

3）若计进出口动能差，则稳定流动能量方程形式为 $Q = \Delta H + \frac{1}{2} m \Delta c^2 + W_i$，每小时汽轮机输出功为

$$W_i = Q - \Delta H - \frac{1}{2} m (c_2^2 - c_1^2)$$

$$= 4.7164 \times 10^7 \text{kJ} - \frac{1}{2} \times 40 \times 10^3 \times (140^2 - 70^2) \times 10^{-3} \text{kJ} = 4.687 \times 10^7 \text{kJ}$$

则汽轮机功率为

$$P' = \frac{W_i}{t} = \frac{4.687 \times 10^7}{3600} \text{kW} = 13019.4 \text{kW}$$

故 $\Delta P = P - P' = 81.7 \text{kW}$，即功率减少了 81.7kW。

注意：带入国际单位后，动能 $\frac{1}{2} mc^2$ 的单位是 J。

9. 某发电厂一台发电机的功率为 25000kW，燃用发热量为 27800kJ/kg 的煤，该发电机组的效率为 32%。求：

1）该机组每昼夜消耗多少吨煤？

2）每发 1kW·h 电要消耗多少千克煤（1kW·h = 3600kJ）？

【解】 1）设该机组每昼夜消耗 $m(t)$ 煤，有以下能量方程：

$$m \times 10^3 \times 27800 \text{kJ/kg} \times 0.32 = 25000 \text{kW} \times 24 \times 3600 \text{s}$$

解得 $\qquad\qquad\qquad\qquad m = 242.8 \text{t}$

2）每发 1kW·h 电消耗煤为

$$\frac{3600 \text{kJ}}{27800 \text{kJ/kg} \times 32\%} = 0.4047 \text{kg}$$

另一种解法：该机组每小时发电 25000kW·h，每发 1kW·h 电消耗煤为

$$\frac{242.8 \times 10^3}{24 \times 25000} \text{kg} = 0.4047 \text{kg}$$

10. 某机组汽轮机高压缸进口蒸汽的焓值为 3461kJ/kg，出口焓为 3073kJ/kg，功率为 100MW，求该汽轮机高压缸蒸气流量（kg/s）。

【解】 高压缸功率为

$$P = q_m (3461 - 3073) \text{kJ/kg} = 100 \text{MW} = 10^5 \text{kW}$$

流经汽轮机高压缸的蒸气流量为

$$q_m = \frac{10^5}{3461 - 3073} \text{kg/s} = 257.73 \text{kg/s}$$

11. 某电厂有一台国产 400t/h 的直流锅炉，蒸汽出口焓为 3550kJ/kg，锅炉给水焓为 1008kJ/kg，已知燃用发热量为 22300kJ/kg 的煤时，锅炉的耗煤量为 53t/h。求：

1）该锅炉的效率是多少？

2）若该锅炉产汽量提高到 430t/h，耗煤量增加 3t/h，入口和出口参数不变，则锅炉效

率有何变化?

【解】 1) 锅炉效率为锅炉获得热量与投入热量的比值,故有

$$\eta_b = \frac{400 \times (3550 - 1008)}{53 \times 22300} = 86\%$$

2)

$$\eta_b = \frac{430 \times (3550 - 1008)}{(53 + 3) \times 22300} = 87.5\%$$

12. 在一台水冷式空气压缩机的试验中,测出每压缩 1kg 空气压缩机需的功为 176.3kJ,空气离开压缩机时比焓增加 96.37kJ/kg。求压缩 1kg 空气从压缩机传给大气总的热量。

【解】 根据开口系统稳定流动能量方程有

$$q = \Delta h + w_t = (96.37 - 176.3)\,\text{kJ/kg} = -79.93\,\text{kJ/kg}$$

即压缩 1kg 空气从压缩机传给大气的热量为 79.93kJ。

13. 一个拟用氦冷却的高温核反应堆的排热系统如图 2-5 所示,氦入口温度为 $t_1 = 230℃$,出口为 $t_2 = 40℃$,流量为 5000t/h。水在干冷塔被冷却到 $t_3 = 32℃$,流量为 9000t/h。

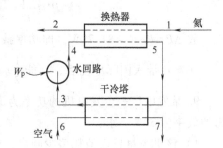

图 2-5 高温核反应堆排热系统

1)试确定换热器水的出口温度 t_5(不考虑水经过水泵后的温升)。

2)如果水回路中由于管道阻力有 0.05MPa 的压力降,需要水泵提高压力来弥补,且水泵效率为 0.72,试计算所需要的泵功率。

3)干冷塔中空气入口温度为 $t_6 = 20℃$,出口温度为 $t_7 = 70℃$,计算所需空气的流量。

已知氦、水、空气的比定压热容分别为 5.204kJ/(kg·K)、4.1868kJ/(kg·K) 和 1.004kJ/(kg·K)。

【解】 1) 水流经换热器出口温度为 t_5(℃),对换热器列能量平衡方程有

$$c_氦\, m_氦\, \Delta t_氦 = c_水\, m_水\, \Delta t_水$$

5.204kJ/(kg·K) × 5000t × (230℃ - 40℃) = 4.1868kJ/(kg·K) × 9000t × (t_5 - 32℃)

可求得水流经换热器出口温度为 163.2℃。

2)水在流动过程中遇到阻力,水泵将水的压力提高 0.05MPa 来克服阻力,使水流动起来,每千克水消耗的功为

$$w_P = -w_t = \int_1^2 v\mathrm{d}p = v\Delta p = 0.001 \times 0.05 \times 10^6\,\text{J/kg} = 50\,\text{J/kg}$$

故水泵所需功率为

$$P = \frac{9000 \times 10^3 \times 50}{3600 \times 0.72}\,\text{W} = 1.7361 \times 10^5\,\text{W} = 173.61\,\text{kW}$$

3) 对干冷塔列能量平衡方程

$$c_空\, m_空\, \Delta t_空 = c_水\, m_水\, \Delta t_水$$

1.004kJ/(kg·K) × $m_空$ × (70℃ - 20℃) = 4.1868kJ/(kg·K) × 9000t × (163.2℃ - 32℃)

可求得所需空气流量为 98481.5t/h。

2.2.5 分析题

如图 2-6 所示，循环工质在蒸发器中吸收工业余热后汽化，经垂直上升管提升一定的高度（假设为 100m），再经过扩压管进入冷凝器中凝结放热变为液体进入储液罐，液态工质下降相同高度将势能转变为动能，经透平机做功带动发电机。试分析这个循环的效率情况。

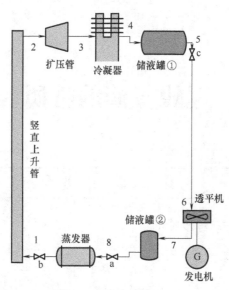

图 2-6 一种工业余热发电系统

【分析】 工质在蒸发器中吸收工业余热，汽化后上升，放热变为液体，液体再将势能转变为动能冲击透平机，可带动发电机发电。从理论上来说，这个循环是可以实现的，但是效率不高。

1kg 的液体，高度为 100m，其势能为 $E_k = mgh = 1 \times 9.81 \times 100\text{J} = 981\text{J} = 0.981\text{kJ}$，再考虑管道的摩擦力，以及透平和发电机的效率，其做功量就更小了。

假设工质是水，在 0.1MPa 压力条件下，其汽化过程吸收的汽化热为 2257.6kJ。

可见，做功量和吸收的热量相比微不足道，这就是为什么在分析热力学问题时常常不考虑势能的原因。

那么，水力发电为什么利用水的势能呢？这是因为它不需要付出热的代价，而且水的流量很大，有利用价值。

第 3 章

理想气体的性质

3.1　本章知识要点

1. 理想气体状态方程的三种形式★

1) $$pv = R_g T \qquad (3\text{-}1)$$

2) $$pV = m R_g T \qquad (3\text{-}2)$$

3) $$pV = nRT \qquad (3\text{-}3)$$

式中，p 为气体的绝对压力（Pa）；v 为气体的比体积（m^3/kg）；V 为气体所占有的体积（m^3）；T 为气体的热力学温度（K）；R_g 为气体常数 [J/(kg·K)]，其数值与气体的状态无关而只与气体种类有关；n 为理想气体的千摩尔数（kmol）；R 为摩尔气体常数（通用气体常数），$R = 8314.3 J/(kmol·K)$。

气体常数 R_g 和摩尔气体常数 R 之间的关系为

$$R = M R_g \quad 或 \quad R_g = \frac{R}{M} \qquad (3\text{-}4)$$

式中，M 为摩尔质量（kg/kmol），它在数值上等于气体的分子量（相对分子质量）。

2. 理想气体的比热容

热容：物体温度升高 1℃（或 1K）所需要的热量称为该物体的热容量，简称热容。

质量热容或比热容：单位质量物质的热容量称为该物质的质量热容或比热容，用 c 表示，单位为 J/(kg·K) 或 J/(kg·℃)。

摩尔热容：1kmol 物质的热容称为该物质的摩尔热容，用 C_m 表示，单位为 J/(kmol·K)。

体积热容：标准状态下 $1m^3$ 气体温度升高 1℃（或 1K）所吸收的热量称为该气体的体积热容，用 c' 表示，单位为 J/(m^3·K)。

对于理想气体而言，三种热容数值间的关系为

$$C_m = Mc = 22.4 c' \qquad (3\text{-}5)$$

3. 理想气体比定压热容、比定容热容及其相互关系

$$c_V = \frac{du}{dT}, \quad c_p = \frac{dh}{dT}, \quad c_p = c_V + R_g$$

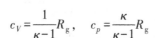

$$c_V = \frac{1}{\kappa - 1} R_g, \quad c_p = \frac{\kappa}{\kappa - 1} R_g$$

4. 平均比热容

平均比热容是一个假想的近似比热容。气体温度自 t_1 升高到 t_2 的平均比热容等于 1-2 过程所需热量除以温差，即

$$c_m \Big|_{t_1}^{t_2} = \frac{q_{12}}{t_2 - t_1} \tag{3-6}$$

5. 利用平均比热容表计算热量

从平均比热表中可以查得 0℃ 开始至温度 t_1、t_2 的平均比热容 $c_m \Big|_0^{t_1}$、$c_m \Big|_0^{t_2}$，则将单位质量的理想气体从 t_1 加热到 t_2，需要的热量为

$$q_{12} = c_m \Big|_{t_1}^{t_2} (t_2 - t_1) = c_m \Big|_0^{t_2} t_2 - c_m \Big|_0^{t_1} t_1 \tag{3-7}$$

6. 利用平均比热容直线关系式计算平均比热容

注意，只需将主教材气体平均比热容（直线关系式）附表中公式里的 t 代以 $t_1 + t_2$，即可计算从 t_1 加热到 t_2 的平均比热容。

7. 理想气体的热力学能

特点：理想气体的热力学能仅仅和温度有关，而和压力及比体积无关。

$$du = c_V dT \tag{3-8}$$

如比定容热容为定值，积分得 $\Delta u = c_V \Delta t = c_V \Delta T$。

8. 理想气体的焓

特点：理想气体的焓也是温度的单值函数。

$$dh = c_p dT \tag{3-9}$$

如比定压热容为定值，积分得 $\Delta h = c_p \Delta T = c_p \Delta t$。

9. 理想气体的熵（表3-1）★▦

表 3-1 理想气体熵的计算

序号	微分形式	积分形式	备注
1	$ds = c_V \dfrac{dT}{T} + R_g \dfrac{dv}{v}$	$\Delta s = c_V \ln \dfrac{T_2}{T_1} + R_g \ln \dfrac{v_2}{v_1}$	
2	$ds = c_p \dfrac{dT}{T} - R_g \dfrac{dp}{p}$	$\Delta s = c_p \ln \dfrac{T_2}{T_1} - R_g \ln \dfrac{p_2}{p_1}$	1) 在比热容为定值前提下，可以求理想气体任何过程（包括不可逆过程）的熵差 2) 式中 T 一定要使用热力学温度
3	$ds = c_V \dfrac{dp}{p} + c_p \dfrac{dv}{v}$	$\Delta s = c_V \ln \dfrac{p_2}{p_1} + c_p \ln \dfrac{v_2}{v_1}$	

10. 混合气体的成分

1）质量分数

$$w_i = \frac{m_i}{m} \tag{3-10}$$

2）摩尔分数

$$x_i = \frac{n_i}{n} \tag{3-11}$$

3）体积分数 $$\varphi_i = \frac{V_i}{V}$$ (3-12)

相互关系：① $\sum w_i = \sum x_i = \sum \varphi_i = 1$ ；② $x_i = \varphi_i$。

11. 道尔顿分压力定律：理想气体混合物的总压力等于各组元气体的分压力之和，$p = \sum p_i$。

分压力的计算 $$p_i = x_i p = \varphi_i p$$ (3-13)

12. 分体积定律：理想气体的总体积等于各组元气体的分体积之和，$V = \sum V_i$。

13. 混合气体的折合气体常数 R_g 和折合摩尔质量 M

1）已知混合气体的摩尔分数 x_i（或体积分数 φ_i），可先求折合摩尔质量：

$$M = \sum x_i M_i$$

2）已知混合气体的质量分数 w_i，可先求折合气体常数 R_g：

$$R_g = \sum w_i R_{g,i}$$

折合气体常数 R_g 和折合摩尔质量 M 之间满足 $MR_g = R = 8314.3 \mathrm{J/(kmol \cdot K)}$。

14. 混合气体的热容

质量热容（比热容） $$c = \sum w_i c_i$$

摩尔热容 $$C_m = \sum x_i C_{mi} = \sum \varphi_i C_{mi}$$

15. 混合气体的热力学能和焓

$$u = \sum w_i u_i, \quad h = \sum w_i h_i$$

16. 混合气体的熵▓

1kg 混合气体的比熵变为

$$\mathrm{d}s = \sum w_i c_{p,i} \frac{\mathrm{d}T}{T} - \sum w_i R_{g,i} \frac{\mathrm{d}p_i}{p_i}$$

1mol 混合气体的熵变为

$$\mathrm{d}S_m = \sum x_i C_{p,m,i} \frac{\mathrm{d}T}{T} - \sum x_i R_i \frac{\mathrm{d}p_i}{p_i}$$

注意：上式中 p_i 要使用理想气体的分压力。

3.2 习题解答

3.2.1 简答题

1. 理想气体的热力学能和焓是温度的单值函数，理想气体的熵也是温度的单值函数吗？

【答】 理想气体的热力学能和焓都是温度的单值函数，但是理想气体的熵不是温度的单值函数，温度不变，压力或比体积改变时，理想气体的熵仍然可以改变。

2. 气体的比热容 c_p、c_V 究竟是过程量还是状态量？

【答】 气体的比热容 c_p、c_V 是状态量，其值决定气体所处的状态，与经历什么过程无关。

3. 理想气体经绝热节流后，其温度、压力、比体积、比热力学能、比焓、比熵分别如何变化?

【答】 理想气体经绝热节流后,其温度、比热力学能、比焓均不变,压力降低,比体积和比熵增加。

4. 理想气体熵变化 Δs 公式有三个,它们都是从可逆过程的前提推导出来的,那么,在不可逆过程中,这些公式也可以用吗?

【答】 可以用。因为熵是状态参数,熵变化 Δs 只取决于初态和终态,与理想气体经历什么过程以及过程是否可逆无关。

5. 热力学第一定律的数学表达式可写成

$$q = \Delta u + w$$

或

$$q = c_V \Delta T + \int_1^2 p \mathrm{d}v$$

两者有何不同?

【答】 前者是热力学第一定律的通用数学表达式,在不考虑动能和势能变化的前提下,对于任何工质、任何过程均适用。后者适用于 c_V 为定值的理想气体且过程可逆的热力过程。

6. 理想气体的 c_p 和 c_V 之差及 c_p 和 c_V 之比值是否在任何温度下都等于一个常数?

【答】 理想气体的 c_p 和 c_V 之差在任何温度下都等于一个常数,这是迈耶公式的内容,而 c_p 和 c_V 的比值是随温度而变化的。

7. 理想气体的热力学能和焓为零的起点是以它的压力值、还是温度值、还是压力和温度一起来规定的?

【答】 理想气体的热力学能和焓为零的起点是以它的温度值来规定的。习惯上,对理想气体取 $t = 0℃$ 或 $T = 0K$ 时的热力学能或焓为零。

在同一问题中只能取一种基准态,而且热力学能和焓只能规定一个基准态,规定焓的基准态,热力学能可由定义式求出,反之亦然。

8. 理想气体混合物的热力学能是否是温度的单值函数?其 $c_p - c_V$ 是否仍遵守迈耶公式?

【答】 理想气体混合物仍具有理想气体的特性,其热力学能仍然是温度的单值函数,其 $c_p - c_V$ 仍遵守迈耶公式。

9. 为什么在冬天我们要给房间供暖?甲说:"为了使房间温暖些。"乙说:"为了输入缺少的热力学能"。试评价这两种答案。

【答】 甲的说法朴实而正确。冬天给房间供暖的特点是房间体积和压力均不变,理想气体热力学能的计算公式为

$$U = mu = mc_V T = \frac{pV}{R_g T} c_V T = \frac{c_V pV}{R_g}$$

可见,房间内总的热力学能是不变的。

10. 一般说来,$T\text{-}s$ 图是用来表示热量的,想办法在 $T\text{-}s$ 图上用面积表示出理想气体从某一初态经过一任意过程到达终态时气体热力学能和焓的变化。

【答】 如图 3-1 所示,1 和 2 是 $T\text{-}s$ 图上的任意两点,过 1 点作一等容线,过 2 点作一等温线,两线相交于 3 点。

由于 $T_2 = T_3$,而理想气体的热力学能是温度的单值函数,所以 $u_2 = u_3$,有

$$\Delta u_{1\text{-}2} = u_2 - u_1 = u_3 - u_1$$

根据热力学第一定律 $q = \Delta u + w$，得

$$\Delta u_{1\text{-}2} = \Delta u_{1\text{-}3} = u_3 - u_1 = q_{1\text{-}3} - w_{1\text{-}3} = q_{1\text{-}3} = \text{图 3-1 中阴影部分的面积}$$

在 $T\text{-}s$ 图上用面积表示出理想气体从某一初态经过一任意过程到达终态时气体焓的变化的方法与上述类似，只不过需要经过点 1 作等压过程线。

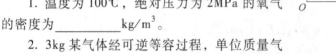

3.2.2 填空题

1. 温度为 100℃，绝对压力为 2MPa 的氧气的密度为_____ kg/m^3。

图 3-1 在 $T\text{-}s$ 图上表示 Δu

2. 3kg 某气体经可逆等容过程，单位质量气体热力学能的变化 $\Delta u = 133\text{kJ/kg}$，则该过程吸收热量为_____kJ。

3. 由氧气和氮气组成的混合气体中，氧气的摩尔分数为 40%，氮气的分压力为 600kPa，那么，氧气的分压力为_____kPa。

4. 容积为 2m^3 的容器内盛氧气和氮气的混合物，表压力为 500kPa，其中氧气的分体积为 0.8m^3，则氮气的分压力为_____kPa。当地大气压力为 0.1MPa。

5. 混合气体由氧气和氮气组成，已知氮气的质量分数为 0.6，则混合气体的平均气体常数为_____J/(kg·K)，平均摩尔质量为_____kg/kmol。

6. 由 O_2 和 N_2 组成的理想气体混合物，已知 N_2 的摩尔分数为 0.4，O_2 的分压力为 0.3MPa，则混合气体的总压力为_____MPa，N_2 的分压力为_____MPa。

7. 已知理想气体混合物的质量分数和摩尔质量分别为 w_i 和 M_i，则混合气体的摩尔分数 $x_i = $ _____。

8. 已知理想气体混合物的质量分数和体积分数分别为 w_i 和 φ_i，则混合气体的摩尔分数 $x_i = $ _____。

9. 理想气体的热力学能和焓都是_____的单值函数。

答案：1. 20.63；2. 399；3. 400；4. 360；5. 282.09，29.47；6. 0.5，0.2；7. $\dfrac{w_i}{M_i \sum \dfrac{w_i}{M_i}}$；

8. φ_i；9. 温度。

3.2.3 判断题

1. 理想气体经过绝热节流之后温度不变。（　　　）

2. 理想气体的热力学能、焓、熵均是温度的单值函数。（　　　）

3. 理想气体绝热膨胀后温度必然降低。（　　　）

4. 理想气体混合物中，组分的质量分数越高，其分压力越大。（　　　）

5. 理想气体经过绝热节流之后 T、u、h 均不变，p 降低，s 增加。（　　　）

6. 迈耶公式 $c_p - c_V = R_g$ 仅仅对于定比热容理想气体适用。（　　　）

7. 理想气体经绝热自由膨胀其温度必然降低。（　　　）

8. 理想气体混合物中质量分数较大的组分，其摩尔分数不一定较大。（　　　）

9. 理想气体的任意两个参数确定后，气体的状态就确定了。（   ）

答案：   1. √；2. ×；3. ×；4. ×；5. √；6. ×；7. ×；8. √；9. ×。

3.2.4 计算题

1. 3kg 空气，测得其温度为 20℃，表压力为 1.4MPa，求空气占有的体积和此状态下空气的比体积。已知当地大气压为 0.1MPa。

【解】 空气的绝对压力为

$$p = p_b + p_g = 1.4\text{MPa} + 0.1\text{MPa} = 1.5\text{MPa}$$

根据理想气体状态方程 $pv = R_g T$ 和 $pV = mR_g T$，有

$$1.5 \times 10^6 \text{Pa} \times v = \frac{8314.3}{28.97} \text{J/(kg·K)} \times (273.15 + 20)\text{K}$$

得空气的比体积 $v = 0.0561\text{m}^3/\text{kg}$。

$$1.5 \times 10^6 \text{Pa} \times V = 3\text{kg} \times \frac{8314.5}{28.97} \text{J/(kg·K)} \times (273.15 + 20)\text{K}$$

得空气的体积为 $V = 0.168\text{m}^3$。

或 $V = mv = 3 \times 0.0561\text{m}^3 = 0.168\text{m}^3$

2. 在煤气表上读得煤气的消耗量为 600m^3。若在煤气消耗期间，煤气表压力平均值为 0.5kPa，温度平均为 18℃，当地大气压力为 0.1MPa，设煤气可以按理想气体处理。试计算：

1）消耗了多少标准立方米煤气？

2）假设在节假日，由于煤气消耗量大，使煤气的表压力降低至 0.3kPa，此时若煤气表上消耗的煤气读数相同，实际上消耗了多少标准立方米煤气？

【解】 1）标准状态是指压力为 1 标准大气压，温度为 0℃状态。

根据理想气体状态方程，实际状态下 $p_1 V_1 = mR_g T_1$，标准状态下 $p_0 V_0 = mR_g T_0$，可得 $\frac{p_1 V_1}{p_0 V_0} = \frac{T_1}{T_0}$，即

$$\frac{(0.1 \times 10^6 \text{Pa} + 0.5 \times 10^3 \text{Pa}) \times 600\text{m}^3}{1.01325 \times 10^5 \text{Pa} \times V_0} = \frac{(273.15 + 18)\text{K}}{273.15\text{K}}$$

得 $V_0 = 558.32\text{m}^3$。

2）此时 $\frac{p_2 V_2}{p_0 V_0} = \frac{T_2}{T_0}$，即

$$\frac{(0.1 \times 10^6 \text{Pa} + 0.3 \times 10^3 \text{Pa}) \times 600\text{m}^3}{1.01325 \times 10^5 \text{Pa} \times V_0} = \frac{(273.15 + 18)\text{K}}{273.15\text{K}}$$

得 $V_0 = 557.2\text{m}^3$。

3. 某锅炉每小时烧煤 20t，估计每千克煤燃烧后可产生 10m^3 的烟气（标准状态下）。测得烟囱出口处烟气的压力为 0.1MPa，温度为 150℃，烟气的流速为 $c = 8\text{m/s}$，烟囱截面为圆形，试求烟囱出口处的内径。

【解】   烟囱出口处状态下 $p_1 V_1 = mR_g T_1$，标准状态下 $p_0 V_0 = mR_g T_0$，可得 $\frac{p_1 V_1}{p_0 V_0} = \frac{T_1}{T_0}$，即

$$\frac{0.1\times10^6\,\mathrm{Pa}\times V_1}{1.01325\times10^5\,\mathrm{Pa}\times\dfrac{20000}{3600}\times10\,\mathrm{m}^3/\mathrm{s}}=\frac{(273.15+150)\,\mathrm{K}}{273.15\,\mathrm{K}}$$

得 $V_1=87.204\,\mathrm{m}^3/\mathrm{s}$。

由 $\dfrac{\pi}{4}D^2c=V_1$，可得烟囱出口处的内径 $D=3.725\,\mathrm{m}$。

4. 一封闭的刚性容器内贮有某种理想气体，开始时容器的真空度为 60kPa，温度 $t_1=100℃$，问需将气体冷却到什么温度，才可能使其真空度变为 75kPa？已知当地大气压保持为 $p_b=0.1\mathrm{MPa}$。

【解】 理想气体初始状态的绝对压力为

$$p_1=p_b-p_{v1}=100\mathrm{kPa}-60\mathrm{kPa}=40\mathrm{kPa}$$

冷却后的绝对压力为

$$p_2=p_b-p_{v2}=100\mathrm{kPa}-75\mathrm{kPa}=25\mathrm{kPa}$$

冷却过程中刚性容器的体积不变，于是有

$$T_2=\frac{p_2}{p_1}T_1=\frac{25}{40}\times373.15\mathrm{K}=233.22\mathrm{K}$$

$$t_2=(233.22-273.15)℃=-39.93℃$$

5. 某活塞式压气机向容积为 $10\mathrm{m}^3$ 的储气箱中充入压缩空气。压气机每分钟从压力为 $p_0=0.1\mathrm{MPa}$、温度 $t_0=20℃$ 的大气中吸入 $0.5\mathrm{m}^3$ 的空气。充气前储气箱压力表的读数为 0.1MPa，温度为 20℃。问需要多长时间才能使储气箱压力表的读数提高到 0.5MPa，温度上升到 40℃？

【解】 根据理想气体状态方程 $pV=mR_gT$ 可得：

充气前储气箱空气质量为

$$m_1=\frac{p_1V_1}{R_gT_1}=\frac{0.2\times10^6\times10}{287\times293.15}\mathrm{kg}=23.77\mathrm{kg}$$

充气后储气箱空气质量为

$$m_2=\frac{p_2V_2}{R_gT_2}=\frac{0.6\times10^6\times10}{287\times313.15}\mathrm{kg}=66.76\mathrm{kg}$$

每分钟充入空气的质量为

$$m_3=\frac{p_3V_3}{R_gT_3}=\frac{0.1\times10^6\times0.5}{287\times293.15}\mathrm{kg}=0.594\mathrm{kg}$$

记为质量流量 $q_m=0.594\mathrm{kg/min}$。

所以需要充气时间为

$$\tau=\frac{m_2-m_1}{q_m}=\frac{66.76-23.77}{0.594}\mathrm{min}=72.37\mathrm{min}$$

6. 空气在 -30℃ 和 0.012MPa 下进入喷气发动机，在入口状态下测得空气的流量为 $15000\mathrm{m}^3/\mathrm{min}$。设空气全部用来供燃料燃烧，已知该发动机每燃烧 1kg 燃料需要 60kg 空气。求该发动机每小时消耗多少燃料。

【解】 每分钟消耗空气质量为

$$m = \frac{pV}{R_g T} = \frac{0.012 \times 10^6 \times 15000}{287 \times 243.15} \text{kg} = 2579.4 \text{kg}$$

分钟消耗燃料质量为

$$m_{燃} = \frac{m}{60} = \frac{2579.4}{60} \text{kg} = 42.99 \text{kg}$$

发动机每小时消耗燃料质量为

$$42.99 \times 60 \text{kg} = 2579.4 \text{kg}$$

7. 据有关机构统计，2016 年世界一次能源消费量为 13276.3×10^6 t 油当量，1kg 油当量的热值按 42.62MJ 计算，假设这些能量全部用于加热地球周围的大气，求地球的温度将升高多少？已知地球周围大气的质量大约为 500×10^{12} t，空气的比定压热容为 1.004kJ/（kg·K）。

【解】 由 $Q = mc_p \Delta t$，可得地球大气温度升高为

$$\Delta t = \frac{Q}{mc_p} = \frac{13276.3 \times 10^6 \times 42.62 \times 10^3}{500 \times 10^{12} \times 1.004} ℃ = 1.127℃$$

思考：以上是 1 年内所有一次能源直接燃烧全部用于加热地球空气产生的效果，还没有考虑水和土壤等的吸热以及地球辐射散热，而现实中 1 天之内最高气温和最低气温就会相差十几摄氏度。可见太阳光照射地球传递的能量有多大，如果能对这些能量进行合理利用，对绿色可持续发展将提供巨大助力。

8. 某理想气体，由状态 $p_1 = 0.52 \text{MPa}$、$V_1 = 0.142 \text{m}^3$，经某过程变为 $p_2 = 0.17 \text{MPa}$、$V_2 = 0.274 \text{m}^3$，过程中气体的焓值降低了 67.95kJ。设其比定容热容为定值，$c_V = 3.123 \text{kJ/（kg·K）}$，求：

1）过程中气体热力学能的变化。

2）气体的比定压热容。

3）该气体的气体常数。

提示：根据焓的定义式 $H = U + pV$，可得
$$\Delta H = \Delta U + \Delta(pV) = \Delta U + p_2 V_2 - p_1 V_1$$

根据 $\Delta H = mc_p \Delta T$，及 $\Delta U = mc_V \Delta T$ 可得

$$\frac{\Delta H}{\Delta U} = \frac{c_p}{c_V}$$

结果：1）$\Delta U = -40.69 \text{kJ}$；2）$c_p = 5.215 \text{kJ/（kg·K）}$；3）$R_g = 2.092 \text{kJ/（kg·K）}$。

9. 1kg 空气从初态 $p_1 = 0.1 \text{MPa}$、$T_1 = 300 \text{K}$ 变化至终态 $p_2 = 1 \text{MPa}$、$T_2 = 500 \text{K}$，设过程可逆，试计算该过程熵的变化量，并分析该过程是吸热还是放热。取空气的比热容为定值。

【解】 理想气体熵变计算公式 $\Delta s = c_p \ln \frac{T_2}{T_1} - R_g \ln \frac{p_2}{p_1}$，可得

$$\Delta s = \left(1004.5 \times \ln \frac{500}{300} - 287 \times \ln \frac{1}{0.1} \right) \text{J/（kg·K）} = -147.72 \text{J/（kg·K）}$$

该过程熵增加，因此是放热过程。

10. 某种理想气体的分子量为 29，将该气体从 $t_1 = 320℃$ 等容加热到 $t_2 = 940℃$，若加热过程中比热力学能变化为 700kJ/kg，求该理想气体焓和熵的变化量。

【解】 根据 $\Delta u = c_V \Delta T = 700 \text{kJ/kg}$，得 $c_V = 1129.0 \text{J/（kg·K）}$。

由 $R_g = \dfrac{R}{M} = \dfrac{8314.3}{29}$ J/(kg·K) = 286.7J/(kg·K)，得 $c_p = 1415.7$J/(kg·K)。

故 $\Delta h = c_p \Delta T = 877.7$kJ/kg

$$\Delta s = c_V \ln\frac{T_2}{T_1} + R_g\ln\frac{v_2}{v_1} = c_V\ln\frac{T_2}{T_1} = 1129.0\times\ln\frac{1213.15}{593.15}\text{J/(kg·K)} = 807.8\text{J/(kg·K)}$$

11. 某理想气体的比定压热容直线关系式为 $c_p = 0.9203 + 0.000010651t$，若将 10kg 该气体从 $t_1 = 15℃$ 等压加热到 $t_2 = 300℃$，求所用的热量及加热过程的平均比定压热容。

【解】 $Q = m\int_{t_1}^{t_2} c_p \mathrm{d}t = m\int_{t_1}^{t_2}(0.9203 + 0.000010651t)\mathrm{d}t = 2627.6$kJ

根据 $Q = \bar{c}_p m\Delta t$，得 $\bar{c}_p = 922.0$J/(kg·K)。

12. 一容积为 5m³ 的刚性容器，内盛 $p_1 = 0.1$MPa，$t_1 = 20℃$ 的空气，现用一真空泵对其抽真空，抽气率恒为 0.2m³/min，假设在抽气过程中容器内的空气温度保持不变。问经过多长时间后容器内的绝对压力 $p_2 = 0.01$MPa?

【解】 以刚性容器作为研究对象，由理想气体状态方程 $pV = mR_g T$，可得 $m = \dfrac{pV}{R_g T}$，刚性容器的体积和温度均不变，其质量的微元变化为 $\mathrm{d}m_1 = \dfrac{V}{R_g T}\mathrm{d}p < 0$。

以真空泵作为研究对象，在 $\mathrm{d}\tau$ 时间内抽出的理想气体微元质量为 $\mathrm{d}m_2 = \dfrac{pq_V}{R_g T}\mathrm{d}\tau > 0$。

根据质量守恒，$\mathrm{d}m_1 = -\mathrm{d}m_2$，可得

$$\frac{pq_V}{R_g T}\mathrm{d}\tau = -\frac{V}{R_g T}\mathrm{d}p$$

上式变形为 $\mathrm{d}\tau = -\dfrac{V}{q_V}\dfrac{\mathrm{d}p}{p}$

从 0 到 τ 时间积分可得

$$\tau = -\frac{5}{0.2}\int_{0.1}^{0.01}\frac{\mathrm{d}p}{p} = -25\ln\frac{0.01}{0.1} = 57.56\text{min}$$

13. 某高原地区有一供氧站，内有一个容积为 10m³ 的装氧气的钢瓶，开始时钢瓶压力表读数 $p_{g1} = 0.8$MPa，温度为 $t_1 = 40℃$，给游客提供了 58.478kg 氧气后，钢瓶压力表读数 $p_{g2} = 0.3$MPa，温度 $t_2 = 20℃$，使用过程中当地大气压力保持不变。假定大气压力与密度之间的关系为 $p = c\rho^{1.4}$，c 为常数，且海平面上空气的压力和密度分别为 1.013×10^5Pa 和 1.177kg/m³，重力加速度为常数 $g = 9.81$m/s²。求：

1）当地的大气压力（MPa）。

2）当地的海拔。

【解】 1）由 $pV = mR_g T$ 得 $m = \dfrac{pV}{R_g T}$，故有

$$\Delta m = \frac{V}{R_g}\left(\frac{p_1}{T_1} - \frac{p_2}{T_2}\right) = \frac{10\text{m}^3}{260\text{J/(kg·K)}}\times\left(\frac{0.8\text{MPa}+p_b}{313.15\text{K}} - \frac{0.3\text{MPa}+p_b}{293.15\text{K}}\right)\times10^6 = 58.478\text{kg}$$

解之得当地大气压力为 $p_b = 0.05$MPa。

2）由 $p = c\rho^{1.4}$，利用海平面数据得

$$c = \frac{p_1}{\rho^{1.4}} = \frac{1.013 \times 10^5}{1.177^{1.4}} = 80634.78$$

高原地区的空气密度为

$$\rho_2 = \sqrt[1.4]{\frac{p_2}{c}} = \sqrt[1.4]{\frac{50000}{80634.78}} \, \text{kg/m}^3 = 0.7108 \, \text{kg/m}^3$$

由 $p = c\rho^{1.4}$ 得 $\qquad\qquad dp = 1.4c\rho^{0.4}d\rho$

又由于 $\qquad\qquad\qquad\qquad dp = -\rho g dH$

结合以上两式得 $\qquad\qquad -\rho g dH = 1.4c\rho^{0.4}d\rho$

分离变量得 $\qquad\qquad dH = -1.4\frac{c}{g}\rho^{-0.6}d\rho$

从 0 到 H 积分得高原地区海拔为

$$H = -1.4\frac{c}{g}\frac{1}{1-0.6}\rho^{0.4}\Big|_{1.177}^{0.7108} = \frac{1.4 \times 80634.78}{9.81 \times 0.4}(1.177^{0.4} - 0.7108^{0.4}) \, \text{m} = 5609.7 \, \text{m}$$

14. 状态参数为 $p_1 = 0.5\text{MPa}$、$t_1 = 100℃$ 的空气经过一绝热节流过程，压力降为 $p_2 = 0.1\text{MPa}$，试计算空气比熵的变化。

【解】 对于理想气体 $\Delta h = c_p\Delta T$，可得

$$h_2 - h_1 = c_p(T_2 - T_1)$$

绝热节流前后焓值相等，故 $T_1 = T_2$，因此对于理想气体绝热节流前后温度也相等。

$$\Delta s = c_p\ln\frac{T_2}{T_1} - R_g\ln\frac{p_2}{p_1} = -R_g\ln\frac{p_2}{p_1} = -287 \times \ln\frac{0.1}{0.5}\text{J/(kg·K)} = 461.9\text{J/(kg·K)}$$

15. 体积为 20m^3 的刚性容器内盛氧气，开始时表压力为 0.8MPa，温度为 50℃，使用了部分氧气后，表压力变为 0.5MPa，温度变为 25℃，在这个过程中大气压力保持不变为 0.1MPa，求：

1）使用了多少公斤氧气？

2）再补充 50kg 氮气进去，混合气体的摩尔分数及折合气体常数为多少？

3）若混合气体最终的温度为 30℃，那么混合气体的总压力及氧气和氮气的分压力各为多少？

提示：1）理想气体状态方程中压力要使用绝对压力。

2）计算出混合气体的摩尔分数 x_i（或体积分数 φ_i）后，可先求折合摩尔质量 $M = \sum x_i M_i$。

3）求出混合气体的总摩尔数 n，由 $pV = nRT$ 计算出混合气体总压力。

16. 一带回热的燃气轮机装置，用燃气轮机排出的乏气在回热器中对空气进行加热，然后将加热后的空气送到燃烧室燃烧。若空气在回热器中从 137℃ 等压加热到 357℃。试求每千克空气在回热器中的吸热量。

1）按定值比定压热容计算。

2）按空气热力性质表计算。

【解】 1）由 $q = \int_{t_1}^{t_2} c_p dt = c_p(t_2 - t_1)$ 可得

$$q = \frac{7R}{2M}(t_2 - t_1) = \frac{7 \times 8.3145}{2 \times 28.97 \times 10^{-3}}(357 - 137)\,\text{J/kg} = 221.0\,\text{kJ/kg}$$

2）等压过程 $q = \Delta h$，根据空气热力性质表，查得 137℃ 时 $h_1 = 411.27\,\text{kJ/kg}$，357℃ 时 $h_2 = 638.79\,\text{kJ/kg}$，因此吸热量 $q = \Delta h = h_2 - h_1 = 227.52\,\text{kJ/kg}$。

17. 锅炉烟气成分的体积分数为 $\varphi_{CO_2} = 0.14$，$\varphi_{H_2O} = 0.09$，其余为 N_2。当其进入一段受热面时温度为 1200℃，流出时温度为 800℃。烟气压力保持 $p = 0.1\,\text{MPa}$ 不变。求：每千克烟气对受热面的放热量（用平均比热容计算）。

提示：1）体积分数=摩尔分数。

2）不用死记硬背公式。设有 100kmol 烟气，其中有 14 kmolCO_2、9kmolH_2O、77kmol N_2，很容易计算烟气的质量分数。

3）利用公式 $q_{12} = c_m \Big|_{t_1}^{t_2}(t_2 - t_1) = c_m \Big|_0^{t_2} t_2 - c_m \Big|_0^{t_1} t_1$。

18. 某锅炉燃烧 1kg 燃料产生烟气的体积为 $10\,\text{m}^3$（标准状态），如果锅炉每小时消耗 60t 燃料，烟气的成分为 $x_{N_2} = 0.78$，$x_{CO_2} = 0.13$，$x_{H_2O} = 0.05$，$x_{O_2} = 0.04$，烟气的温度为 180℃，大气温度为 20℃。试求：

1）烟气的折合气体常数和平均分子量。

2）烟气中水蒸气的分压力。

3）锅炉每小时的排烟热损失。

【解】 1）锅炉每小时产生烟气的体积为 $6 \times 10^5\,\text{m}^3$（标准状态）。

平均分子量 $M = \sum x_i M_i = 0.78 \times 28 + 0.13 \times 44 + 0.05 \times 18 + 0.04 \times 32 = 29.74$

折合气体常数 $R_{g,eq} = \dfrac{R}{M_{eq}} = \dfrac{8.3145}{29.74 \times 10^{-3}}\,\text{J/(kg·K)} = 279.6\,\text{J/(kg·K)}$

2）水蒸气的分压力 $p_{H_2O} = x_{H_2O}p = 0.05 \times 0.1\,\text{MPa} = 0.005\,\text{MPa}$

3）每小时排烟热损失 $Q = Q_{N_2} + Q_{CO_2} + Q_{H_2O} + Q_{O_2}$

按定值比热容计算可得

$$Q = \frac{6 \times 10^5}{22.4 \times 10^{-3}} \times \left(0.78 \times \frac{7}{2} + 0.13 \times \frac{9}{2} + 0.05 \times \frac{9}{2} + 0.04 \times \frac{7}{2}\right) \times 8.3145 \times 160\,\text{J} = 1.311 \times 10^{11}\,\text{J}$$

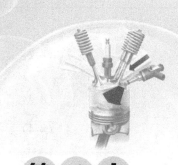

第 4 章

理想气体的热力过程

4.1 本章知识要点

1. 理想气体热力过程

理想气体可逆过程计算公式见表 4-1。

表 4-1 理想气体可逆过程计算公式表

	等容过程	等压过程	等温过程	绝热过程★	多变过程
多变指数	∞	0	1	κ	n
过程方程	$\mathrm{d}v=0$	$\mathrm{d}p=0$	$\mathrm{d}T=0$	$pv^{\kappa}=$常数	$pv^{n}=$常数
初、终态关系	$\dfrac{p_1}{p_2}=\dfrac{T_1}{T_2}$	$\dfrac{v_1}{v_2}=\dfrac{T_1}{T_2}$	$p_1v_1=p_2v_2$	$p_1v_1^{\kappa}=p_2v_2^{\kappa}$ $\dfrac{T_2}{T_1}=\left(\dfrac{p_2}{p_1}\right)^{\frac{\kappa-1}{\kappa}}$	$p_1v_1^{n}=p_2v_2^{n}$ $\dfrac{T_2}{T_1}=\left(\dfrac{p_2}{p_1}\right)^{\frac{n-1}{n}}$
过程功 $w=\displaystyle\int_1^2 p\mathrm{d}v$	0	$R_{\mathrm{g}}(T_2-T_1)$ $p(v_2-v_1)$	$pv\ln\dfrac{v_2}{v_1}$ $R_{\mathrm{g}}T\ln\dfrac{v_2}{v_1}$	$-\Delta u$ $\dfrac{R_{\mathrm{g}}}{\kappa-1}(T_1-T_2)$	$\dfrac{R_{\mathrm{g}}}{n-1}(T_1-T_2)$
技术功 $w_{\mathrm{t}}=-\displaystyle\int_1^2 v\mathrm{d}p$	$v(p_1-p_2)$ $R_{\mathrm{g}}(T_1-T_2)$	0	$w=w_{\mathrm{t}}$	$-\Delta h$ κw $\dfrac{\kappa R_{\mathrm{g}}}{\kappa-1}(T_1-T_2)$	nw $\dfrac{nR_{\mathrm{g}}}{n-1}(T_1-T_2)$
热量	Δu $c_V\Delta t$	Δh $c_p\Delta t$	$q_T=w=w_{\mathrm{t}}$	0	$\Delta u+w$ $\Delta h+w_{\mathrm{t}}$
比热容	c_V	c_p	∞	0	$\dfrac{n-\kappa}{n-1}c_V$

2. 单级活塞式压气机耗功

可逆绝热压缩耗功为

$$w_{\mathrm{C}.s}=\frac{\kappa}{\kappa-1}R_{\mathrm{g}}T_1\left[\left(\frac{p_2}{p_1}\right)^{\frac{\kappa-1}{\kappa}}-1\right]\tag{4-1}$$

多变过程压缩耗功为
$$w_{C,n} = \frac{n}{n-1} R_g T_1 \left[\left(\frac{p_2}{p_1} \right)^{\frac{n-1}{n}} - 1 \right] \qquad (4\text{-}2)$$

等温过程压缩耗功为
$$w_{C,T} = R_g T_1 \ln \frac{p_2}{p_1} \qquad (4\text{-}3)$$

$$w_{C,s} > w_{C,n} > w_{C,T} \qquad (4\text{-}4)$$

3. 活塞式压气机的等温效率★

当压缩前气体状态相同，压缩后气体压力相同时，可逆等温压缩过程所消耗的功 $w_{C,T}$ 和实际压缩过程所消耗的功 w_C 之比，称为活塞式压气机的等温效率，用 $\eta_{C,T}$ 表示，即

$$\eta_{C\cdot T} = \frac{w_{C,T}}{w_C} \qquad (4\text{-}5)$$

4. 容积效率是指气缸内有效容积与活塞排量之比，用 η_V 表示，即

$$\eta_V = \frac{V}{V_h} = 1 - \frac{V_3}{V_h} (\pi^{\frac{1}{n}} - 1) \qquad (4\text{-}6)$$

式中，$\frac{V_3}{V_h} = C_V$ 称为余隙容积比，在增压比和多变指数一定的情况下，余隙容积比越大，容积效率越低。当余隙容积比 C_V 和多变指数 n 一定时，增压比 π 越大，则容积效率越低。

5. 两级压气机最佳中间压力 p_2 ★

$$p_2 = \sqrt{p_1 p_3} \quad \text{或} \quad \frac{p_2}{p_1} = \frac{p_3}{p_2} \qquad (4\text{-}7)$$

6. 叶轮式压气机的绝热效率★

所谓压气机的绝热效率是指在压缩前气体状态相同，压缩后气体压力也相同的情况下，可逆绝热压缩时压气机消耗的功 $w_{C,s}$ 与不可逆绝热压缩时所消耗的功 w_C' 的比值，用 $\eta_{C,s}$ 表示，即

$$\eta_{C,s} = \frac{w_{C,s}}{w_C'} = \frac{h_{2s} - h_1}{h_2' - h_1} \qquad (4\text{-}8)$$

对于比热容为定值的理想气体，有

$$\eta_{C,s} = \frac{T_{2s} - T_1}{T_2' - T_1} \qquad (4\text{-}9)$$

4.2　习题解答

4.2.1　简答题

1. "理想气体在绝热过程中的技术功，无论可逆与否均可由 $w_t = \frac{\kappa}{\kappa-1} R_g (T_1 - T_2)$ 计算" 对吗？为什么？

【答】　对。上述公式可以变为 $w_t = c_p(T_1 - T_2) = -\Delta h$，这个公式在热力学第一定律解析式中在绝热条件下均成立，与过程是否可逆无关。

2. 试根据理想气体在 $p\text{-}v$ 图上四种基本热力过程的过程曲线的位置（主教材图 4-7a），画出自四线交点出发的下述过程的过程曲线，并指出其变化范围。

1）热力学能增大且比体积减小的过程。

2）吸热且压力降低的过程。

【答】　略。

3. 试根据理想气体在 $T\text{-}s$ 图上四种基本热力过程的过程曲线的位置（主教材图 4-7b），画出自四线交点出发的下述过程的过程曲线，并指出其变化范围。

1）吸热且膨胀做功的过程。

2）压力升高温度降低的过程。

【答】　略。

4. 多变过程的膨胀功、技术功、热量三个公式在 $n=1$ 时就失效了，怎么处理这个问题？

【答】　$n=1$ 时，多变过程的膨胀功、技术功、热量三个公式都无法使用了，直接用理想气体等温过程的公式即可，理想气体 $n=1$ 的多变过程就是等温过程。

5. 如果通过各种冷却方法使压气机的压缩过程实现为等温过程，则采用多级压缩的意义是什么？

【答】　活塞式压气机采用多级压缩级间冷却的作用有三：①降低压缩终温，保证设备安全性；②减少压缩耗功；③降低每一级压气机的增压比，提高压气机的容积效率。采用等温压缩后前两个作用没有了，但是还有第三个作用，即提高压气机的容积效率。

容积效率的计算公式为

$$\eta_V = 1 - \frac{V_3}{V_h}(\pi^{\frac{1}{n}} - 1)$$

等温压缩时，$n=1$，设余隙容积比为 0.05，当增压比 $\pi=5$ 时，$\eta_V=0.8$；当增压比 $\pi=10$ 时，$\eta_V=0.55$。可见对于活塞式压气机，当增压比高时，需要采用分级压缩来提高容积效率。

6. 试分析，在增压比及余隙容积比相同时，采用等温压缩和采用绝热压缩的压气机的容积效率何者高？

【答】　绝热压缩 $n=\kappa>1$，等温压缩 $n=1$，当增压比及余隙容积比相同时，分析容积效率的计算公式，可知绝热压缩时压气机的容积效率高。

此题也可以采用作图的方法得出结论，主教材中图 4-11，从 3 点出发分别作绝热过程线和等温过程线。请读者试一试。

7. 理想气体由状态 1 经可逆过程至状态 2，如图 4-1 所示。试在该图中，用面积表示出过程的技术功，并说明根据。

【答】　如图 4-2 所示，从点 1 作一条等温线交等压线 p_2 于点 1_T，由理想气体的特性知 $H_1 = H_{1_T}$。对于膨胀过程 1-2，由热力学第一定律 $Q = \Delta H + W_t$ 可得技术功为

$$W_t = Q_{1\text{-}2} - (H_2 - H_1) = Q_{1\text{-}2} - (H_2 - H_{1_T})$$

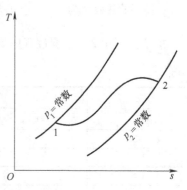

图 4-1　简答题 7 图

其中，Q_{1-2} 等于膨胀过程线 1-2 下面的面积，点 2 和点 1_T 在等压线上，由热力学第一定律公式，$H_2 - H_{1_T}$ 等于等压过程线 1_T-2 下面的面积。两个面积相减后得到图中阴影部分，它就是气体膨胀做的技术功。

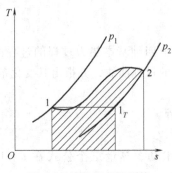

图 4-2 简答题 7 图解答

4.2.2 填空题

1. $t_1 = 100℃$，$p_1 = 0.2\text{MPa}$ 的理想气体等容吸热后 $t_2 = 200℃$，则 $p_2 = $ _____MPa。

2. 一台两级活塞式压气机，吸入空气的压力 $p_1 = 0.1\text{MPa}$，压气机将空气压缩到 $p_3 = 2.5\text{MPa}$，则最佳中间压力为_____MPa。

3. 一台三级活塞式压气机，吸入空气的压力为 0.1MPa，压气机将空气最终压缩到 12.5MPa，则第二级压气机的最佳出口压力为_____MPa。

4. 活塞式压气机由于存在余隙容积，理论上压缩单位质量气体的压缩耗功_____，产气量_____，随着增压比增加，容积效率_____。（填"增加""减小"或"不变"）

5. 理想气体从同一初始状态出发，经过可逆绝热压缩过程 A 和不可逆绝热压缩过程 B，设耗功相同，则终态温度 T_A_____T_B，终态压力 p_A_____p_B，过程比焓变化 Δh_A_____Δh_B，过程比熵变化 Δs_A_____Δs_B。（填>、<或=）

6. 1kg 空气由 100kPa、20℃ 经过绝热压缩到 500kPa、230℃，则空气比焓的变化为____，比熵的变化为_____kJ/(kg·K)，压气机的绝热效率为____。

7. 某双原子理想气体经历一可逆循环，其中 1-2 为等温吸热；2-3 为多变膨胀过程；3-4 为等温放热过程；4-1 的可逆等熵压缩。$T_1 = T_2 = $ ____K，$T_3 = T_4 = $ ____K，多变过程 2-3 的多变指数 $n = $ ____，循环的热效率为_____。并填写表 4-2 中的空白。其中 $\kappa = 1.4$，$c_V = 717\text{J}/(\text{kg}·\text{K})$。

提示：利用 2-3 多变过程的熵变 $\Delta s = C_n \ln \dfrac{T_3}{T_2} = \dfrac{n-\kappa}{n-1} c_V \ln \dfrac{T_3}{T_2}$ 可以求过程的多变指数 n。

表 4-2 填空题 7 表

过程	q	Δu	w	Δs
	kJ/kg	kJ/kg	kJ/kg	kJ/(kg·K)
1-2	100			0.1
2-3				
3-4			−54	−0.18
4-1				

答案：1. 0.2536；2. 0.5；3. 2.5 ；4. 不变，减小，减小；5. =，>，=，<；
6. 210.84, 0.08, 0.815；7. 1000, 300, 1.366, $\eta_t = 0.6317$，表答案见表 4-3。

表 4-3 填空题 7 答案

1-2		0	100	
2-3	46.62	−501.9	548.52	0.08
3-4	−54	0		
4-1	0	501.9	−501.9	0

4.2.3 判断题

1. 在 T-s 图上，同一种理想气体的等压线比其等容线陡。（　　）
2. 当多变过程的指数 n 满足 $1<n<\kappa$ 时，多变比热容为负值。（　　）
3. 在增压比和余隙容积比相同的条件下，活塞式压气机采用等温压缩比采用绝热压缩时容积效率要高。（　　）
4. 余隙容积的存在不影响压缩单位质量气体理论上消耗的功。（　　）
5. 为了减少活塞式压气机耗功，应该采用多级压缩，分的级数越多越好。（　　）
6. 活塞式压气机采用多级压缩、级间冷却，可以提高容积效率。（　　）

答案：1. ×；2. √；3. ×；4. √；5. ×；6√。

4.2.4 计算题

1. 2.268kg 的某种理想气体，经可逆等容过程，其比热力学能的变化为 $\Delta u = 139.6$kJ/kg，求过程膨胀功、过程热量。

【解】 可逆等容过程膨胀功 $W = 0$。

过程热量 $Q_V = \Delta U + W = m\Delta u = 2.268$kg × 139.6kJ/kg = 316.6kJ。

2. 某理想气体在缸内进行可逆绝热膨胀，当比体积变为原来的 2 倍时，温度由 40℃ 降为 −36℃，同时气体对外做膨胀功 60kJ/kg。设比热容为定值，试求比定压热容 c_p 与比定容热容 c_V。

【解】 绝热过程膨胀功 $w = c_V(T_1 - T_2)$，可得

$$c_V = \frac{w}{T_1 - T_2} = \frac{60}{(273.15+40)-(273.15-36)}\text{kJ}/(\text{kg} \cdot \text{K}) = 0.789\text{kJ}/(\text{kg} \cdot \text{K})$$

由理想气体状态方程可得 $\dfrac{p_1 V_1}{T_1} = \dfrac{p_2 V_2}{T_2}$，而 $V_2 = 2V_1$，可得 $\dfrac{p_2}{p_1} = 0.379$。

绝热过程 $\dfrac{T_2}{T_1} = \left(\dfrac{p_2}{p_1}\right)^{\frac{\kappa-1}{\kappa}}$，可得绝热指数 $\kappa = 1.4$。因此有

$$c_p = \kappa c_V = 1.4 \times 0.789\text{kJ}/(\text{kg} \cdot \text{K}) = 1.105\text{kJ}/(\text{kg} \cdot \text{K})$$

3. 空气经历了一个循环：从状态 1（$p_1 = 0.1$MPa，$t_1 = 20$℃）经过可逆绝热压缩过程变为状态 2（$p_2 = 0.8$MPa），再经过一个等温吸热过程变为状态 3（$p_3 = 0.4$MPa），再经过一个可逆绝热膨胀过程变为状态 4（$t_4 = 20$℃），再经过一个可逆等温放热过程回到状态 1。求：

1）1kg 空气在 2-3 过程的吸热量。

2）1kg 空气的循环净功。

3）循环的热效率。

【解】 上述循环在 T-s 图上如图 4-3 所示 。

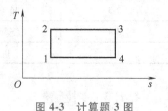

1） $$T_2 = T_1 \left(\frac{p_2}{p_1} \right)^{\frac{\kappa-1}{\kappa}} = 293.15 \times 8^{\frac{0.4}{1.4}} \text{K} = 531.03 \text{K}$$

$$q_{2-3} = -R_g T_2 \ln \frac{p_3}{p_2} = -0.287 \times 531.03 \times \ln \frac{0.4}{0.8} \text{kJ/kg} = 105.64 \text{kJ/kg}$$

图 4-3　计算题 3 图

2） $$p_4 = p_3 \left(\frac{T_4}{T_3} \right)^{\frac{\kappa}{\kappa-1}} = 0.4 \times \left(\frac{293.15}{531.03} \right)^{\frac{1.4}{0.4}} \text{MPa} = 0.05 \text{MPa}$$

$$q_{4-1} = -R_g T_4 \ln \frac{p_1}{p_4} = -0.287 \times 293.15 \times \ln \frac{0.1}{0.05} \text{kJ/kg} = -58.32 \text{kJ/kg} (负号表示放热)$$

空气的循环净功为 $w_{\text{net}} = q_{2-3} + q_{4-1} = (105.64 - 58.32) \text{kJ/kg} = 47.32 \text{kJ/kg}$

3）循环的热效率为

$$\eta_t = 1 - \frac{q_2}{q_1} = 1 - \frac{58.32}{105.64} = 44.8\%$$

验证：细心的读者会发现这是一个卡诺循环，其热效率为

$$\eta_C = 1 - \frac{T_1}{T_2} = 1 - \frac{293.15}{531.03} = 44.8\%$$

4. 将气缸中温度为 30℃、压力为 0.1MPa、体积为 0.1m³ 的某气体可逆等温压缩至 0.4MPa，然后又可逆绝热地膨胀至初始体积。已知该气体的 $c_p = 0.93 \text{kJ/(kg·K)}$，$\kappa = 1.4$。求：

1）该气体的气体常数和质量。

2）压缩过程中气体与外界交换的热量。

3）膨胀过程中气体热力学能的变化。

【解】 1） 由 $c_p = \frac{\kappa}{\kappa-1} R_g$，得 $R_g = 265.7 \text{J/(kg·K)}$。

根据 $p_1 V_1 = m R_g T_1$，可得

$$m = \frac{p_1 V_1}{R_g T_1} = \frac{0.1 \times 10^6 \times 0.1}{265.7 \times 303.15} \text{kg} = 0.124 \text{kg}$$

2） 如图 4-4 所示，等温压缩过程的热量为

$$Q_T = m R_g T \ln \frac{V_2}{V_1} = 0.124 \times 265.7 \times 303.15 \times \ln \frac{0.1}{0.4} \text{J} = -13846.1 \text{J}$$

3） 绝热膨胀过程有

$$\Delta U = m c_V (T_3 - T_2) = m \frac{c_p}{\kappa} (T_3 - T_2) = m \frac{c_p}{\kappa} T_2 \left[\left(\frac{V_2}{V_3} \right)^{\kappa-1} - 1 \right]$$

可得

$$\Delta U = 0.124 \times \frac{0.93 \times 10^3}{1.4} \times 303.15 \times \left[\left(\frac{0.1}{0.4} \right)^{1.4-1} - 1 \right] \text{J} = -10628.9 \text{J}$$

5. 有若干空气在由气缸构成的空间中被压缩，空气的初态为：$p_1 = 0.2\text{MPa}$，$t_1 = 115℃$，$V_1 = 0.14\text{m}^3$，活塞缓慢移动将空气压缩到 $p_2 = 0.6\text{MPa}$，已知压缩过程中空气体积变化按照如下规律：$V = 0.16 - 0.1p$（V 单位为 m^3，p 单位为 MPa），空气 $R_g = 0.287\text{kJ/(kg·K)}$，$c_V = 0.717\text{kJ/(kg·K)}$，求：

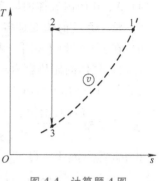

图 4-4 计算题 4 图

1）空气质量。

2）空气做功量。

3）压缩终了的温度。

4）过程吸热量。

【解】 1）由 $pV = mR_gT$，得

$$m = \frac{0.2\times10^6\times0.14}{287\times(273.15+115)}\text{kg} = 0.251\text{kg}$$

2）$W = \int_1^2 p\,\mathrm{d}V = \int_1^2 (1.6 - 10V)\times10^6\mathrm{d}V = 10^6\times\left(1.6V - \frac{10}{2}V^2\right)\Big|_1^2$

$$W = 10^6\times\left[1.6\times(0.1-0.14) - \frac{10}{2}(0.1^2 - 0.14^2)\right]\text{J} = -16000\text{J}$$

3）由 $\dfrac{p_1V_1}{T_1} = \dfrac{p_2V_2}{T_2}$ 得

$$T_2 = \frac{0.6\times0.1\times(273.15+115)}{0.2\times0.14}\text{K} = 831.75\text{K}$$

4）由热力学第一定律可以求出过程吸热量，即

$Q = \Delta U + W = mc_V(T_2 - T_1) + W$

$\qquad = 0.251\times717\times(831.75-388.15)\text{J} - 16000\text{J} = 63833.36\text{J}$

6. 空气的初参数为 $p_1 = 0.5\text{MPa}$ 和 $t_1 = 50℃$，此空气流经阀门发生绝热节流作用，并使空气体积增大到原来的 2 倍。求节流过程中空气的熵增，并求其最后的压力。

【解】 空气可看作理想气体，对于理想气体 $\Delta h = c_p\Delta T$，可得 $h_2 - h_1 = c_p(T_2 - T_1)$，绝热节流前后焓值相等，因此 $T_1 = T_2$。节流过程中空气的熵增为

$$\Delta s = c_V\ln\frac{T_2}{T_1} + R_g\ln\frac{v_2}{v_1} = R_g\ln\frac{v_2}{v_1} = 287\times\ln2\,\text{J/(kg·K)} = 198.9\text{J/(kg·K)}$$

节流前后空气状态满足 $\dfrac{p_1V_1}{T_1} = \dfrac{p_2V_2}{T_2}$，因此节流后压力为 0.25MPa。

7. 如图 4-5 所示，两端封闭而且具有绝热壁的气缸，被可移动无摩擦的绝热活塞分为体积相同的 A、B 两部分，其中各装有同种理想气体 1kg。开始时活塞两边的温度和压力都相同，分别为 0.2MPa、$10℃$。现通过 A 腔气体内的一个加热线圈，对 A 腔内气体缓慢加热，使活塞向右缓慢移动，直至 $p_{A2} = p_{B2} = 0.4\text{MPa}$ 时，试求：

1）A、B 腔内气体的终态体积各是多少？

2）A、B 腔内气体的终态温度各是多少？

3）过程中 A 腔内气体获得的热量是多少？

4）A、B 腔内气体的熵变各是多少？

5）整个系统的熵变是多少？

6）在 p-V 图和 T-s 图上表示出 A、B 腔气体经历的过程。

已知该气体的比热容为定值，$c_p = 1.01\text{kJ}/(\text{kg} \cdot \text{K})$，$c_V = 0.72\text{kJ}/(\text{kg} \cdot \text{K})$。

【解】 1）由 $pV = mR_g T$，得

$$V_{B1} = V_{A1} = \frac{1 \times (1.01 - 0.72) \times 10^3 \times 283.15}{0.2 \times 10^6}\text{m}^3 = 0.41\text{m}^3$$

由 $p_{B1} V_{B1}^{\kappa} = p_{B2} V_{B2}^{\kappa}$ 得

$$V_{B2} = \left(\frac{0.2 \times 0.41^{1.4}}{0.4} \right)^{\frac{1}{1.4}} \text{m}^3 = 0.25\text{m}^3$$

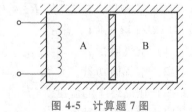

图 4-5 计算题 7 图

故

$$V_{A2} = (2 \times 0.41 - 0.25)\text{m}^3 = 0.57\text{m}^3$$

2）B 中进行可逆绝热过程，$\frac{T_{B2}}{T_{B1}} = \left(\frac{p_{B2}}{p_{B1}} \right)^{\frac{\kappa-1}{\kappa}}$ 得

$$T_{B2} = 283.15 \times \left(\frac{0.4}{0.2} \right)^{\frac{1.4-1}{1.4}}\text{K} = 345.16\text{K}$$

由 $p_{A2} V_{A2} = mR_g T_{A2}$ 得

$$T_{A2} = \frac{0.4 \times 10^6 \times 0.57}{1 \times (1.01 - 0.72) \times 10^3}\text{K} = 786.21\text{K}$$

3）取 A+B 为热力学研究对象有

$$Q = \Delta U_A + \Delta U_B = m_A c_V (T_{A2} - T_{A1}) + m_B c_V (T_{B2} - T_{B1})$$
$$= 0.72 \times 10^3 \times (786.21 - 283.15 + 345.16 - 283.15)\text{J} = 406850.4\text{J}$$

4）B 中进行的是可逆绝热过程，因此 $\Delta S_B = 0$。

$$\Delta S_A = m \left(c_p \ln \frac{T_{A2}}{T_{A1}} - R_g \ln \frac{p_{B2}}{p_{B1}} \right)$$
$$= \left[1.01 \times 10^3 \times \ln \frac{786.21}{283.15} - (1.01 - 0.72) \times 10^3 \times \ln \frac{0.4}{0.2} \right]\text{J}/(\text{kg} \cdot \text{K}) = 830.4\text{J}/(\text{kg} \cdot \text{K})$$

5）$\Delta S = \Delta S_A + \Delta S_B = 830.4\text{J}/(\text{kg} \cdot \text{K})$

6）如图 4-6 所示。

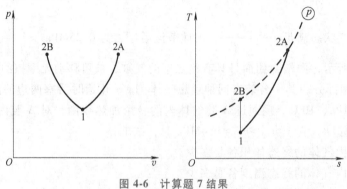

图 4-6 计算题 7 结果

8. 压力为 0. 12MPa，温度为 30℃，体积为 0. 5m³ 的空气在气缸中被可逆绝热压缩，终态压力为 0. 6MPa，试计算终态温度、终态体积以及所消耗的功。

【解】 根据理想气体可逆绝热过程公式 $\dfrac{T_2}{T_1} = \left(\dfrac{p_2}{p_1}\right)^{\frac{\kappa-1}{\kappa}}$ 得

$$T_2 = 303.15 \times \left(\frac{0.6}{0.12}\right)^{\frac{1.4-1}{1.4}} \mathrm{K} = 480.13\mathrm{K}$$

由 $p_1 V_1^\kappa = p_2 V_2^\kappa$ 得

$$V_2 = \left(\frac{0.12 \times 0.5^{1.4}}{0.6}\right)^{\frac{1}{1.4}} \mathrm{m}^3 = 0.158\mathrm{m}^3$$

消耗的功为

$$W_C = \frac{1}{\kappa-1}(p_2 V_2 - p_1 V_1)$$

$$= \frac{1}{1.4-1}\ (0.6 \times 10^6 \times 0.158 - 0.12 \times 10^6 \times 0.5)\ \mathrm{J} = 87000\mathrm{J} = 87\mathrm{kJ}$$

9. 2kg 某理想气体按可逆多变过程膨胀到原有体积的 3 倍，温度从 300℃ 下降至 60℃，膨胀过程中的膨胀功为 100kJ，自外界吸热 20kJ，求该气体的 c_p 和 c_V。

【解】 由 $Q = \Delta U + W$，可得

$$\Delta U = (20 - 100)\mathrm{kJ} = -80\mathrm{kJ}$$

由 $\Delta U = m c_V (T_2 - T_1)$ 得

$$c_V = \frac{-80}{2 \times (60-300)} \mathrm{kJ/(kg \cdot K)} = 0.1667\mathrm{kJ/(kg \cdot K)}$$

又有

$$\Delta U = m c_V (T_2 - T_1) = m c_V T_1 \left[\left(\frac{V_1}{V_2}\right)^{n-1} - 1\right]$$

即

$$-80 = 2 \times 0.1667 \times (273.15+300) \times \left[\left(\frac{1}{3}\right)^{n-1} - 1\right]$$

可得

$$n = 1.494$$

根据

$$Q = m \frac{n-\kappa}{n-1} c_V (T_1 - T_2)$$

即

$$20 = 2 \times \frac{1.494-\kappa}{1.494-1} \times 0.1667 \times (60-300)$$

得

$$\kappa = 1.6175$$

因此

$$c_p = \kappa c_V = 1.6175 \times 0.1667\mathrm{kJ/(kg \cdot K)} = 0.27\mathrm{kJ/(kg \cdot K)}$$

10. 理想气体的比热容与温度的关系为 $c_p = a + bT$，$c_V = d + bT$，试证明：对等熵过程有 $p^{d/a} v = c \mathrm{e}^{-bpv/(ak_g)}$，其中 a、b、c、d 均为常数，e 为自然数。

【证明】 对于等熵过程有 $\mathrm{d}s = c_V \dfrac{\mathrm{d}p}{p} + c_p \dfrac{\mathrm{d}v}{v} = 0$

$$(d+bT)\frac{\mathrm{d}p}{p} + (a+bT)\frac{\mathrm{d}v}{v} = 0$$

$$d\frac{\mathrm{d}p}{p}+a\frac{\mathrm{d}v}{v}+\frac{b}{R_g}(v\mathrm{d}p+p\mathrm{d}v)=0$$

$$\frac{d}{a}\frac{\mathrm{d}p}{p}+\frac{\mathrm{d}v}{v}+\frac{b}{a}\mathrm{d}T=0$$

积分得 $\dfrac{d}{a}\ln p+\ln v+\dfrac{b}{a}\dfrac{pv}{R_g}=c$，可得

$$p^{\frac{d}{a}}v=ce^{-\frac{bpv}{R_g a}}$$

即证。

注：需用到理想气体状态方程的变形：

$$pv=R_gT\Rightarrow p\mathrm{d}v+v\mathrm{d}p=R_g\mathrm{d}T$$

11. c_x 为理想气体在量 x 为常数时的比热容，试证明：$pv^{\alpha}=$ 常数，其中 $\alpha=(c_x-c_p)/(c_x-c_V)$。

【证明】 $\delta q=c_x\mathrm{d}T=T\mathrm{d}s=T\left(c_V\dfrac{\mathrm{d}p}{p}+c_p\dfrac{\mathrm{d}v}{v}\right)$

因此 $$c_x\frac{\mathrm{d}T}{T}=c_V\frac{\mathrm{d}p}{p}+c_p\frac{\mathrm{d}v}{v}$$

对于理想气体，有 $$\frac{\mathrm{d}T}{T}=\frac{\mathrm{d}p}{p}+\frac{\mathrm{d}v}{v}$$

因此 $$c_x\left(\frac{\mathrm{d}p}{p}+\frac{\mathrm{d}v}{v}\right)=c_V\frac{\mathrm{d}p}{p}+c_p\frac{\mathrm{d}v}{v}$$

$$\frac{\mathrm{d}p}{p}(c_x-c_V)+\frac{\mathrm{d}v}{v}(c_x-c_p)=0$$

将上式积分，得

$$(c_x-c_V)\ln p+(c_x-c_p)\ln v=常数$$

令 $$\alpha=(c_x-c_p)/(c_x-c_V)$$

所以 $\ln p+\alpha\ln v=$ 常数，因此

$$pv^{\alpha}=常数$$

12. 一个气缸活塞系统如图 4-7 所示，活塞的截面面积为 $40\mathrm{cm}^2$，活塞离气缸底部 10cm，重物及活塞总质量为 20kg，初始状态温度为 300K，大气压力为 101325Pa。求：

1）如果使重物升高 2cm，需要加入多少热量？

2）然后，当可逆绝热情况下使活塞回到原位置，需要再加上多少重物？

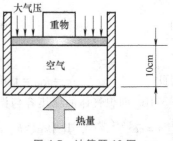

图 4-7　计算题 12 图

【解】 开始时空气的绝对压力为

$$p=\left(101325+\frac{20\times9.81}{40\times10^{-4}}\right)\mathrm{Pa}=150375\mathrm{Pa}$$

活塞中空气的质量为

$$m = \frac{pV}{R_g T} = \frac{150375 \times 40 \times 10^{-6}}{287 \times 300}\text{kg} = 0.0006986\text{kg}$$

1）使重物升高 2cm 为等压加热过程，设末态温度为 T_2，则

$$T_2 = \frac{V_2}{V_1}T_1 = \frac{12}{10} \times 300\text{K} = 360\text{K}$$

加入的热量为 $Q_p = mc_p\Delta T = 0.0006986 \times 1.004 \times 60\text{kJ} = 0.042\text{kJ}$

2）在绝热过程中，设末态压力为 p_2。

由 $p_1 V_1^\kappa = p_2 V_2^\kappa$，可得

$$p_2 = p_1\left(\frac{V_1}{V_2}\right)^\kappa = 150375 \times \left(\frac{12}{10}\right)^{1.4}\text{Pa} = 194102\text{Pa}$$

设需要加上 m_2 kg 重物，即可以可逆绝热情况下使活塞回到原位置，则有

$$p_2 = 194102\text{Pa} = \left[101325 + \frac{(m_2+20) \times 9.81}{40 \times 10^{-4}}\right]\text{Pa}$$

解得
$$m_2 = 17.83 \ （\text{kg}）$$

13. 一个立式气缸通过能自由活动且无摩擦的活塞密封有 0.3kg 空气。已知：空气的初始温度 $t_1 = 20℃$，体积 $V_1 = 0.14\text{m}^3$。试计算：

1）若向空气中加入 30kJ 热量后，空气的温度、压力以及体积各是多少？气体对外做的功是多少？

2）当活塞上升到最终位置并加以固定，再向空气中加入 30kJ 热量后，空气的压力将上升至多少？

3）整个过程空气的热力学能、焓、熵变化多少？

【解】 1）根据 $pV = mR_g T$，可得

$$p = \frac{0.3 \times 287 \times 293.15}{0.14}\text{Pa} = 180287\text{Pa}$$

该过程为等压过程，根据闭口系能量方程 $Q = \Delta U + W$

$$Q_p = mc_p\Delta T = 0.3\text{kg} \times 1.004\text{kJ/(kg·K)} \times (t_2 - 20℃) = 30\text{kJ}$$

可得
$$t_2 = 119.6℃ \qquad p_2 = p_1 = 180287\text{Pa}$$

$$V_2 = V_1\frac{T_2}{T_1} = 0.14 \times \frac{119.6+273.15}{20+273.15}\text{m}^3 = 0.1876\text{m}^3$$

气体对外做功
$$W = p\Delta V = 180287 \times (0.1876 - 0.14)\text{J} = 8581.66\text{J}$$

2）该过程为等容过程，根据闭口系能量方程 $Q = \Delta U + W$

$$Q = mc_V\Delta T = 0.3\text{kg} \times 0.717\text{kJ/(kg·K)} \times (T_3 - T_2) = 30\text{kJ}$$

可得
$$T_3 = 532.22\text{K}$$

$$p_3 = p_1\frac{T_3}{T_2} = 180287 \times \frac{532.22}{119.6+273.15}\text{Pa} = 244309\text{Pa}$$

3）$\Delta U = mc_V\Delta T = mc_V(T_3 - T_1) = 0.3 \times 717 \times (532.22 - 293.15)\text{J} = 51424\text{J}$

$\Delta H = mc_p\Delta T = mc_p(T_3 - T_1) = 0.3 \times 1004.5 \times (532.22 - 293.15)\text{J} = 72044\text{J}$

$\Delta S = m\left(c_V\ln\frac{T_3}{T_1} + R_g\ln\frac{V_3}{V_1}\right) = 0.3 \times \left(717 \times \ln\frac{532.22}{293.15} + 287 \times \ln\frac{0.1876}{0.14}\right)\text{J/(kg·K)} = 153.48\text{J/(kg·K)}$

14. 一装有阀门的刚性透热容器内盛有某种理想气体，开始时其表压力 $p_{g1}=0.01\text{MPa}$，温度等于大气温度，突然打开阀门放气（可看成是可逆绝热过程），当容器内气体绝对压力降为大气压力 $p_0=0.1\text{MPa}$ 时，关上阀门。经一段时间后，容器内的气体温度又与大气恢复到热平衡，此时表压力变为 $p_{g2}=0.003\text{MPa}$。求该理想气体的比热容比（绝热指数） κ。

【解】 开始时容器的绝对压力为

$$p_1=p_b+p_{g1}=(0.1+0.01)\text{MPa}=0.11\text{MPa}$$

最后容器的绝对压力变为

$$p_2=p_b+p_{g2}=(0.1+0.003)\text{MPa}=0.103\text{MPa}$$

第一步，突然打开阀门放气，设压力变为大气压力 p_0 时，温度为 T_0，有 $\dfrac{T_0}{T_1}=\left(\dfrac{p_0}{p_1}\right)^{\frac{\kappa-1}{\kappa}}$，可得

$$T_0=T_1\left(\frac{p_0}{p_1}\right)^{\frac{\kappa-1}{\kappa}}$$

第二步，等容吸热，当容器内气温恢复到大气温度 T_1 时，压力变为 p_2，有 $\dfrac{T_1}{T_0}=\dfrac{p_2}{p_0}$，可得

$$T_0=T_1\frac{p_0}{p_2}$$

结合以上两式，可得

$$\left(\frac{p_0}{p_1}\right)^{\frac{\kappa-1}{\kappa}}=\frac{p_0}{p_2}$$

于是，得到该理想气体的比热容比

$$\kappa=\frac{\ln\dfrac{p_0}{p_1}}{\ln\dfrac{p_2}{p_1}}=\frac{\ln\dfrac{0.1}{0.11}}{\ln\dfrac{0.103}{0.11}}=1.45$$

15. 1kmol 理想气体，从状态 1 经过等压过程到达状态 2，再经过等容过程到达状态 3，另一途径为从状态 1 直接到达状态 3，如图 4-8 所示，1-3 为直线。已知：$p_1=0.1\text{MPa}$，$T_1=300\text{K}$，$v_2=3v_1$，$p_3=2p_1$。试证明：

1) $Q_{1\text{-}2}+Q_{2\text{-}3}\neq Q_{1\text{-}3}$。

2) $\Delta S_{1\text{-}2}+\Delta S_{2\text{-}3}=\Delta S_{1\text{-}3}$。

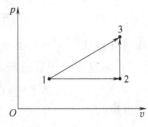

图 4-8 计算题 15 图

【证明】 1) 由热力学第一定律，可得

$$Q_{1\text{-}2}=\Delta U_{1\text{-}2}+W_{1\text{-}2}=U_2-U_1+W_{1\text{-}2}, Q_{2\text{-}3}=\Delta U_{2\text{-}3}+W_{2\text{-}3}=U_3-U_2+W_{2\text{-}3}$$

因此

$$Q_{1\text{-}2}+Q_{2\text{-}3}=U_3-U_1+W_{1\text{-}2}$$

而

$$Q_{1\text{-}3}=\Delta U_{1\text{-}3}+W_{1\text{-}3}=U_3-U_1+W_{1\text{-}3}$$

$$W_{1\text{-}3}=\int_1^3 p\mathrm{d}V=1\text{-}3\text{ 过程线下的面积}$$

$$W_{1\text{-}2} = \int_1^2 p\,\mathrm{d}V = 1\text{-}2 \text{ 过程线下的面积}$$

显见 $W_{1\text{-}3} > W_{1\text{-}2}$，因此 $Q_{1\text{-}2} + Q_{2\text{-}3} \neq Q_{1\text{-}3}$

2）$\Delta S_{1\text{-}2} = C_{p,m} \ln \dfrac{T_2}{T_1} = C_{p,m} \ln \dfrac{v_2}{v_1} = C_{p,m} \ln 3$

$$\Delta S_{2\text{-}3} = C_{V,m} \ln \frac{T_3}{T_2} = C_{V,m} \ln \frac{p_3}{p_2} = C_{V,m} \ln 2$$

$$\Delta S_{1\text{-}2} + \Delta S_{2\text{-}3} = C_{p,m} \ln 3 + C_{V,m} \ln 2$$

$$\Delta S_{1\text{-}3} = C_{V,m} \ln \frac{p_3}{p_1} + C_{p,m} \ln \frac{v_3}{v_1}$$

$$= C_{V,m} \ln 3 + C_{p,m} \ln 2 = \Delta S_{1\text{-}2} + \Delta S_{2\text{-}3}$$

16. 气枪击发时，气室内的压缩空气迅速膨胀，将子弹推离枪口，某气枪气室内可容 900kPa、21℃的空气 5.58×10^{-5} kg，若空气的 $R_g = 0.287$ kJ/(kg·K)，$\kappa = 1.4$，大气压力 $p = 100$ kPa，子弹的质量为 1.1g，试求子弹出枪口时的速度。

提示：击发过程可看作可逆绝热过程，压缩气体对子弹所做的功为膨胀功，膨胀功又转化为子弹的动能。

结果：子弹速度为 $c = 99.91$ m/s。

17. 某理想气体状态变化过程中符合 $\mathrm{d}p = a p \dfrac{\mathrm{d}v}{v}$ 的规律（a 为常数），试推导该过程的摩尔热容。

【解】
$$C_m = Mc = M\frac{\delta q}{\mathrm{d}T} = M\frac{T\mathrm{d}s}{\mathrm{d}T} = \frac{MT}{\mathrm{d}T}\left(c_V \frac{\mathrm{d}p}{p} + c_p \frac{\mathrm{d}v}{v}\right) = \frac{MT}{\mathrm{d}T}(ac_V + c_p)\frac{\mathrm{d}v}{v}$$

根据
$$\frac{\mathrm{d}p}{p} = a\frac{\mathrm{d}v}{v} \quad \text{和} \quad \frac{\mathrm{d}T}{T} = \frac{\mathrm{d}p}{p} + \frac{\mathrm{d}v}{v}$$

可得
$$\frac{\mathrm{d}T}{T} = (a+1)\frac{\mathrm{d}v}{v}$$

可得摩尔热容
$$C_m = \frac{M(ac_V + c_p)}{a+1}$$

18. 有理想气体 3.5kg，初温 $T_1 = 440$ K，经过可逆等容过程，其热力学能增加了 323.8kJ，求过程的热量及熵的变化量。设该气体的气体常数 $R_g = 0.41$ kJ/(kg·K)，$\kappa = 1.35$，并假定比热容为定值。

【解】 等容过程 $Q = mc_V(T_2 - T_1) = \dfrac{mR_g}{\kappa - 1}(T_2 - T_1) = 323.8$ kJ

可求得
$$T_2 = 518.98\text{K}$$

$$\Delta S = mc_V \ln \frac{T_2}{T_1} = 0.677\text{kJ/K}$$

19. 画出由两个等压过程和两个绝热过程组成的理想气体可逆正向循环的 $p\text{-}v$ 图和 $T\text{-}s$ 图，并证明其热效率为

$$\eta_t = 1 - \left(\frac{p_1}{p_2}\right)^{\frac{\kappa-1}{\kappa}}$$

式中，$p_1 < p_2$，κ 为等熵指数。

提示：这个循环实际上是布雷顿循环，请读者参考教材第 12 章的内容。

20. 1kg 温度为 17℃ 的空气被绝热压缩至 260℃，增压比为 6，求压缩前后空气的热力学、焓、熵的变化及压气机的绝热效率。

【解】
$$\Delta u = c_V \Delta t = 0.717 \times (260-17) \text{kJ/kg} = 174.231 \text{kJ/kg}$$
$$\Delta h = c_p \Delta t = 1.004 \times (260-17) \text{kJ/kg} = 243.972 \text{kJ/kg}$$
$$\Delta s = 1.004 \times \ln\frac{533.15}{290.15} - 0.287\ln6 = 0.0966 \text{kJ/(kg·K)}$$

压气机的理想出口温度为

$$T_2 = T_1 \pi^{\frac{\kappa-1}{\kappa}} = 290.15 \times 6^{\frac{1.4-1}{1.4}} \text{K} = 484.118\text{K}$$

压气机的绝热效率为

$$\eta_{C,s} = \frac{T_2 - T_1}{T_{2a} - T_2} = \frac{484.118 - 290.15}{533.15 - 290.15} = 79.82\%$$

21. 一具有级间冷却器的两级压气机，吸入空气的温度为 27℃，压力为 0.1MPa，压气机将空气压缩到 $p_3 = 1.6$MPa。压气机的生产量为 360kg/min，两级压气机压缩过程均按 $n = 1.3$ 进行。若两级压气机进气温度相同，且以压气机耗功最少为条件。试求：

1）空气在低压缸中被压缩所达到的压力 p_2。

2）压气机所耗总功率。

3）空气在级间冷却器所放出的热量。

【解】 1）最佳中间压力为

$$p_2 = \sqrt{p_1 p_3} = 0.4\text{MPa}$$

2） $P_{C,n} = q_m w_{C,n} = q_m \dfrac{2n}{n-1} R_g T_1 \left[\left(\dfrac{p_2}{p_1}\right)^{\frac{n-1}{n}} - 1\right]$

$$= \frac{6 \times 2 \times 1.3}{1.3-1} \times 287 \times 300.15 \times (4^{\frac{1.3-1}{1.3}} - 1) \text{W} = 1688790.7\text{W} \approx 1688.8\text{kW}$$

3） $T_2 = T_1 \pi^{\frac{n-1}{n}} = 300.15 \times 4^{\frac{0.3}{1.3}} \text{K} = 413.31\text{K}$

$$\dot{Q} = 6 \times 1.004 \times (413.31 - 300.15) \text{kJ/s} = 681.68 \text{kJ/s}$$

22. 压气机入口空气温度为 17℃，压力为 0.1MPa，每分钟吸入空气 500m³，经绝热压缩后其温度变为 207℃，压力为 0.4MPa。求：

1）压气机的实际耗功率。

2）压气机的绝热效率。

【解】 1）压气机的生产量为

$$q_m = \frac{pV}{R_g T} = \frac{0.1 \times 10^6 \times 500}{287 \times 290.15} \text{kg/min} = 600.43 \text{kg/min}$$

$$P'_C = \frac{600.43}{60} \times 1.004 \times (207-17) \text{kW} = 1908.97 \text{kW}$$

2）可逆绝热过程耗功为

$$P_{C,s} = q_m w_{C,s} = q_m \frac{\kappa}{\kappa-1} R_g T_1 \left[\left(\frac{p_2}{p_1} \right)^{\frac{\kappa-1}{\kappa}} - 1 \right] = 1417.4 \text{kW}$$

压气机的绝热效率为

$$\eta_{C,s} = \frac{P_{C,s}}{P_C'} = 74.2\%$$

23. 一台轴流式压气机每分钟压缩 100kg 空气，空气进入压气机时的压力为 0.1MPa，温度为 20℃，经压缩后压力提高到 0.4MPa。试求：

1）压气机消耗的理论功率是多少？

2）如果压气机的绝热效率为 $\eta_{C,s} = 0.85$，则实际消耗功率为多少？出口处空气温度变为多少？

【解】 1）理论功率为

$$P_{C,s} = m w_{C,s} = m \frac{\kappa}{\kappa-1} R_g T_1 \left[\left(\frac{p_2}{p_1} \right)^{\frac{\kappa-1}{\kappa}} - 1 \right] = 238.5 \text{kW}$$

2）实际消耗功率为

$$P_C' = \frac{P_{C,s}}{\eta_{C,s}} = 280.6 \text{kW}$$

$T_2 = 435.6\text{K}$，根据 $\eta_{C,s} = \dfrac{T_2 - T_1}{T_2' - T_1}$，得出口处温度 $T_2' = 460.8\text{K}$。

24. 空气状态参数为 $p_1 = 0.1\text{MPa}$，$t_1 = 20℃$。经过三级活塞式压气机压缩后，压力提高到 12.5MPa。设每一级压缩过程的多变指数相同，为 $n = 1.3$，级间冷却后都能将空气冷却到 20℃。试求：

1）最佳的中间压力。

2）压气机每压缩 1kg 空气消耗的功。

3）压气机出口处空气的温度。

4）如果级间冷却器都出了故障而没法使用，则压气机消耗的功和最后空气的温度分别是多少？

【解】 1）最佳压比 $\pi = \sqrt[3]{\dfrac{p_4}{p_1}} = \sqrt[3]{\dfrac{12.5}{0.1}} = 5$

最佳中间压力为

$$p_2 = 0.5\text{MPa}, \quad p_3 = 2.5\text{MPa}$$

2）

$$w_{C,n} = \frac{3n}{n-1} R_g T_1 \left[\left(\frac{p_2}{p_1} \right)^{\frac{n-1}{n}} - 1 \right] = 491.9 \text{kJ/kg}$$

3）压气机出口处空气的温度为

$$T_4 = T_2 = T_1 \left(\frac{p_2}{p_1} \right)^{\frac{n-1}{n}} = 425.0\text{K}$$

4）压气机消耗的功为

$$w_{C,n} = \frac{n}{n-1} R_g T_1 \left[\left(\frac{p_4}{p_1} \right)^{\frac{n-1}{n}} - 1 \right] = 746.4 \text{kJ/kg}$$

压气机出口温度为

$$T_4 = T_1 \left(\frac{p_4}{p_1} \right)^{\frac{n-1}{n}} = 893.3 \text{K}$$

25. 单位质量理想气体经等熵、等压、等容过程组成一可逆循环，在 $p\text{-}v$ 图和 $T\text{-}s$ 图上画出该循环，并导出循环热效率的表达式（以 $\varepsilon = \frac{p_2}{p_1}$，$\kappa = \frac{c_p}{c_V}$ 表示，即 $\eta = \eta(\varepsilon, \kappa)$ 的具体形式）。

【解】 该循环在 $p\text{-}v$ 图和 $T\text{-}s$ 图上如图 4-9 所示。

$$\eta_t = 1 - \frac{q_2}{q_1} = 1 - \frac{c_V(T_3 - T_1)}{c_p(T_3 - T_2)} = 1 - \frac{T_3 - T_1}{\kappa(T_3 - T_2)}$$

根据 $\frac{T_2}{T_1} = \left(\frac{p_2}{p_1} \right)^{\frac{\kappa-1}{\kappa}}$，$\frac{T_3}{T_1} = \frac{p_3}{p_1} = \frac{p_2}{p_1}$，代入上式，可得

$$\eta_t = 1 - \frac{\varepsilon - 1}{\kappa \left(\varepsilon - \varepsilon^{\frac{\kappa-1}{\kappa}} \right)}$$

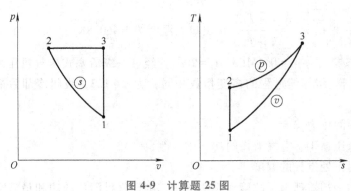

图 4-9 计算题 25 图

第 5 章

热力学第二定律

5.1 本章知识要点

1. 热力学第二定律的表述★

克劳修斯表述：热不可能自发地、不付代价地从低温物体传至高温物体。

开尔文-普朗克表述：不可能制造出从单一热源吸热、使之全部转化为功而不留下其他任何变化的热力发动机，即第二类永动机是不可能制造成功的。

以上两种表述，各自从不同的角度反映了热力过程的方向性，实质上是统一的、等效的。

2. 卡诺循环★

卡诺循环由两个可逆等温过程和两个可逆绝热过程组成，其在 *T-s* 图上如图 5-1 所示。

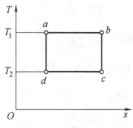

图 5-1　卡诺循环示意图

卡诺循环的热效率为

$$\eta_{\mathrm{C}} = 1 - \frac{T_2}{T_1} \tag{5-1}$$

★

卡诺循环及其热效率公式具有重大意义，它为提高各种热力发动机的热效率指明了方向。

3. 逆向卡诺循环

逆向卡诺循环与卡诺循环构成相同，但工质的状态变化是沿逆时针方向进行的，总的效果是消耗外界的功，将热量由低温物体传向高温物体。

4. 概括性卡诺循环

除了卡诺循环外，工作在两个恒温热源之间的可逆循环也具有卡诺循环的性质，因此，把它们统称为概括性卡诺循环。概括性卡诺循环是极限回热循环，其热效率等于同温限间工作的卡诺循环的热效率。

5. 卡诺定理

定理一：在两个恒温热源之间工作的一切可逆热机具有相同的热效率，其热效率等于在同样热源间工作的卡诺循环热效率，与工质的性质无关。

定理二：在两个恒温热源之间工作的任何不可逆热机的热效率都小于可逆热机的热效率。

6. 克劳修斯不等式被认为是热力学第二定律的数学表达式

$$\oint \frac{\delta q}{T} \leq 0 \text{ 和 } ds \geq \frac{\delta q}{T} \tag{5-2}$$

在式（5-2）中，等号适用于可逆过程，大于（小于）号适用于不可逆过程。

微元不可逆过程熵的变化也可以写成

$$ds = ds_f + ds_g \tag{5-3}$$

式中，ds_f 称为熵流，ds_f 可以大于 0、小于 0 和等于 0；ds_g 称为熵产，是由不可逆因素造成的，不可能为负值，不可逆性越大，熵产 ds_g 越大，因此，熵产是不可逆性大小的度量。

7. 固体和液体熵变化量的计算

固体和液体的特点是可压缩性非常小，比定容热容与比定压热容相等。即 $c = c_p = c_V$，所以 $\delta Q_{rev} = dU = mcdT$，因此有

$$dS = \frac{\delta Q_{rev}}{T} = mc\frac{dT}{T} \tag{5-4}$$

在温度变化范围不大的情况下，比热容可视为定值，此时有

★
$$\Delta S = mc\ln\frac{T_2}{T_1} \tag{5-5}$$

8. 多热源可逆循环及平均吸（放）热温度

为了便于分析比较任意可逆循环的热效率，热力学中引入平均吸热温度 $\overline{T_1}$ 和平均放热温度 $\overline{T_2}$ 的概念，定义为

$$\overline{T_1} = \frac{q_1}{\Delta s} \text{ 和 } \overline{T_2} = \frac{q_2}{\Delta s} \tag{5-6}$$

式中，Δs 为吸热过程和放热过程比熵变化的绝对值。因此，任一可逆循环的热效率为

$$\eta_t = 1 - \frac{\overline{T_2}}{\overline{T_1}} \tag{5-7}$$

9. 孤立系统熵增原理 ★

孤立系统的熵只能增加（不可逆过程）或保持不变（可逆过程），而绝不可能减少。任何实际过程都是不可逆过程，只能沿着孤立系统熵增加的方向进行，任何使孤立系统熵减少的过程都是不可能发生的，这就是孤立系统熵增原理。其数学表达式为

$$\Delta s_{iso} \geq 0$$

10. 做功能力损失★

所谓系统的做功能力，是指在给定的环境条件下，系统达到与环境处于热力平衡时可能做出的最大有用功。

任何实际过程都存在不可逆因素，都是不可逆过程，不可逆过程将会造成做功能力损失。做功能力损失用 I 表示

$$I = T_0 \Delta S_g = T_0 \Delta S_{iso} \tag{5-8}$$

11. 㶲

当系统由一任意状态可逆地变化到与给定环境相平衡的状态时，理论上可以无限转换为其他能量形式的那部分能量称为㶲（exergy），一切不能转换为㶲的能量称为㶲（或㶲，anergy）。

任何能量 E 均由㶲（EX）和㶲（An）所组成，即

$$E = EX + An \tag{5-9}$$

12. 热量㶲

对于 1kg 的工质随着热量由外界传入热力系统的㶲称为热量㶲，用 e_{x_q} 表示。它是热源放出的热量中可以转变为功的最大份额。热量㶲也是过程量。热量㶲的定义为

$$e_{x_q} = \int \left(1 - \frac{T_0}{T} \right) \delta q \tag{5-10}$$

当 T 为定值时，式（5-10）变为

$$e_{x_q} = \left(1 - \frac{T_0}{T} \right) q \tag{5-11}$$

式中，$1 - \dfrac{T_0}{T}$ 项叫作卡诺因子。

13. 稳定流动工质的㶲

单位质量稳定流动工质的㶲，用 ex 表示，即

★ ▒

$$ex = h - h_0 - T_0(s - s_0) \tag{5-12}$$

5.2 习题解答

5.2.1 简答题

1. 制冷机将热量从低温热源传向高温热源，这是否违反热力学第二定律？

【答】 制冷机的总体效果是将热量从低温热源传向高温热源，但是这需要付出代价，需要消耗功，所以并不违反热力学第二定律。

2. 根据热力学第一定律 $q = \Delta u + w$，以及理想气体的热力学能是温度的单值函数的特性，当理想气体发生一个等温过程后，$q = w$，这表明加入的热量全部变成功，这是否违反热力学第二定律？

【答】 不违反热力学第二定律。理想气体等温吸热后，吸热量等于膨胀功，但是其体

积膨胀了，也就是说"带来变化了"，所以并不违反开尔文-普朗克表述。

3. 某一工质在相同的初态 1 和终态 2 之间分别经历两个热力过程，一为可逆过程，一为不可逆过程。试比较这两个过程中，相应外界熵的变化量哪一个大？为什么？

【答】 工质从初态 1 变化到终态 2，不管是可逆过程还是不可逆过程，工质本身熵的变化量是相等的，因为熵是状态量。但是不可逆过程对应的外界熵的变化量大，因为不可逆过程会伴随熵产的形成。

4. 孤立系统熵增原理是否可以表述为"过程进行的结果是孤立系统内各部分的熵都增加"？

【答】 不能。孤立系统内各部分可以有熵减小的过程，也可以有熵增加的过程。但是，当有不可逆因素存在时，孤立系统内工质总的熵是增加的。

5. 闭口系统进行一放热过程，其熵是否一定减少？为什么？闭口系统进行一放热过程，其做功能力是否一定减少？为什么？

【答】 闭口系统进行一放热过程其熵不一定减少，虽然此时系统的熵流是减少的，但是如果有不可逆因素存在，将有熵产形成，闭口系统的熵也可能会增加。

闭口系统进行一放热过程其做功能力也不一定减少。比如，如果外界有功的输入，闭口系统的做功能力还可能增加。

6. 能否利用平均吸热温度和平均放热温度计算不可逆循环的热效率？为什么？

【答】 不可以。计算平均吸热温度和平均放热温度都要求过程可逆，对于不可逆过程，其吸热量除以熵的变化量并不具有平均吸热温度的含义。

7. 正向循环热效率的两个计算式为

$$\eta_t = 1 - \frac{q_2}{q_1} \text{和} \ \eta_t = 1 - \frac{T_2}{T_1}$$

这两个公式有何区别？各适用于什么场合？

【答】 前者是计算正向循环热效率的通用公式，不论循环种类，不论循环工质，不论循环是否可逆。后者是卡诺循环或概括性卡诺循环热效率的计算公式。

8. 下列说法是否正确？为什么？

1）熵增大的过程必为不可逆过程。

2）熵增大的过程必为吸热过程。

3）不可逆过程的熵差 ΔS 无法计算。

4）系统的熵只能增大，不能减少。

5）若从某一初态经可逆与不可逆两条途径到达同一终态，则不可逆途径的熵变 ΔS 必大于可逆途径的熵变 ΔS。

6）工质经过不可逆循环，$\Delta S > 0$。

7）工质经过不可逆循环，由于 $\oint \frac{\delta Q}{T} < 0$，所以 $\oint dS < 0$。

8）可逆绝热过程为等熵过程，等熵过程就是可逆绝热过程。

【答】 1）错。工质熵增加可能是因为吸热，也可能是因为不可逆过程，或者两者兼而有之。

2）错。原因同上。

3）错。不可逆过程的熵差可以计算，因为熵是状态参数。

4）错。系统的熵可以增大，可以减小，也可以不变。

5）错。熵是状态参数，不可逆途径的熵变 ΔS 等于可逆途径的熵变 ΔS。

6）错。工质经过不可逆循环，$\Delta S = 0$。

7）错。工质经过不可逆循环，$\oint \frac{\delta Q}{T} < 0$，这是正确的，是克劳修斯不等式，但是 $\oint dS = 0$，因为熵是状态参数。

8）对。如果过程是不可逆的，则其状态都无法用确定的参数描述，等熵意味着熵参数时刻保持不变，是可逆过程。所以，可逆绝热过程为等熵过程，等熵过程就是可逆绝热过程。

9. 举例说明热力学第二定律比热力学第一定律能更加科学地指引节能的方向。

【答】 绝热节流、气体自由膨胀等。

10. 某期刊上有一篇名为《论 DZF 循环是又一个第二类永动机》的学术论文，请通过互联网找到这篇文章，研读后发表自己的观点。

【答】 略。

11 据统计，我国输电网平均线损约为 6.5%，试从热力学角度定性分析能否采用现有的超导体改造我国的输电网从而降低输电损耗？

【答】 超导体的电阻为零，采用超导体可以减少输电损耗。但是以目前的技术，为了实现超导需要将特殊材料维持在很低的温度，这又必须消耗很多电能，是得不偿失的。

5.2.2 填空题

1. 在 $t_1 = 500℃$ 和 $t_2 = 20℃$ 之间工作的卡诺循环的热效率为_____。

2. 在 $t_1 = 20℃$ 和 $t_2 = -5℃$ 之间工作的逆向卡诺循环的制冷系数为_____。

3. 已知某卡诺循环的热效率为 25%，则在相同温度限之间的逆向卡诺循环的制冷系数为_____，热泵系数为_____。

4. 卡诺机 A 工作在 927℃ 和 T 的两个热源间，卡诺机 B 工作在 T 和 27℃ 的两个热源间。当此两个热机的热效率相等时，T 热源的温度 $T =$_____K。

5. 两个热机在相同的高温热源和低温热源之间各自进行可逆循环，A 热机采用水蒸气作为工质，热效率为 η_A，B 热机采用理想气体作为工质，热效率为 η_B，则有 η_A____η_B（填 >、<或 =）。

6. 将 0.5MPa、25℃ 的空气进行绝热膨胀，使其压力降到 0.1MPa，同时获得-70℃ 的冷空气，这一过程的熵变为_____kJ/(kg·K)，过程_____实现（填"能"或"不能"）。

7. 根据引起熵变的原因不同，可以把热力系统熵的变化分为____和_____，其中____是由不可逆因素引起的。

答案：1. 62.08%；2. 10.726；3. 3, 4；4. 600.187；5. =；6. 0.0767, 能；7. 熵流，熵产，熵产。

5.2.3 判断题

1. 熵增大的过程必为不可逆过程。（   ）

2. 熵增大的过程必为吸热过程。（　　　）

3. 不可逆过程的熵差 ΔS 无法计算。（　　　）

4. 系统的熵只能增大，不能减少。（　　　）

5. 若系统从某一初态经可逆与不可逆两条途径到达同一终态，则不可逆途径的熵变 ΔS 必大于可逆途径的熵变 ΔS。（　　　）

6. 工质经不可逆循环，$\Delta S > 0$。（　　　）

7. 同一工质初始状态和终了状态相同的各种过程其熵参数的变化相同。（　　　）

8. 工质在开口绝热系统中不可逆稳定流动，系统的熵增加。（　　　）

9. 可逆循环的热效率高于不可逆循环的热效率。（　　　）

10. 工质经过可逆循环和不可逆循环熵变均为零。（　　　）

11. 孤立系统的熵和能量都是守恒的。（　　　）

12. 对于任意热力循环，其热效率 $\eta_t \leq 1 - T_L / T_H$，其中 T_L 为低温热源的热力学温度，T_H 为高温热源的热力学温度。（　　　）

13. 孤立系统熵增加也就意味着工质做功能力降低。（　　　）

14. 闭口绝热系统的熵不可能减少。（　　　）

15. 工质经过一个实际不可逆过程，其熵增加。（　　　）

16. 不可逆循环的热效率可以用 $\eta_t = 1 - \overline{T_2} / \overline{T_1}$ 计算，其中 $\overline{T_2} = Q_2 / \Delta S_2$ 为循环平均放热温度，$\overline{T_1} = Q_1 / \Delta S_1$ 为循环平均吸热温度。（　　　）

答案：1. ×；2. ×；3. ×；4. ×；5. ×；6. ×；7. √；8. ×；9. ×；10. √；11. ×；12. √；13. √；14. ×；15. ×；16. ×。

5.2.4　计算题

1. 当某一夏日室温为 30℃ 时，冰箱冷冻室要维持在 -20℃。冷冻室和周围环境有温差，因此有热量导入，为了使冷冻室内温度维持在 -20℃，需要以 1350J/s 的速度从中取走热量。冰箱最大的制冷系数是多少？供给冰箱的最小功率是多少？

【解】　制冷系数为

$$\varepsilon = \frac{Q_2}{W} = \frac{T_2}{T_1 - T_2} = \frac{253}{50} = 5.06$$

供给冰箱的最小功率为

$$P = \frac{Q_2}{\varepsilon} = \frac{1350}{5.06} \mathrm{W} = 266.8 \mathrm{W}$$

2. 有一暖气装置，其中用一热机带动一热泵，热泵从河水中吸热，传递给暖气系统中的水，同时河水又作为热机的冷源。已知：热机的高温热源温度为 $t_1 = 230℃$，河水温度为 $t_2 = 15℃$，暖气系统中的水温 $t_3 = 60℃$。假设热机和热泵都按卡诺循环计算，每烧 1kg 煤，暖水得到多少热量？是煤发热量的多少倍？已知煤的燃烧热值是 $2.9 \times 10^4 \mathrm{kJ/kg}$。

【解】　热机侧为

$$\eta_C = \frac{W}{Q_1} = \frac{T_1 - T_2}{T_1} = \frac{230 - 15}{273 + 230} = 0.427 = 42.7\%$$

热泵侧供热系数为

$$\varepsilon'_C = \frac{Q'}{W} = \frac{T'}{T'-T_2} = \frac{273+60}{60-15} = 7.4$$

$$\frac{Q'_1}{Q_1} = \varepsilon'_C \eta_C = 7.4 \times 42.7\% = 3.16$$

$$Q'_1 = 2.9 \times 10^4 \times 3.16 \text{kJ} = 91640 \text{kJ}$$

3. 试用 $p\text{-}v$ 图证明：两条可逆绝热线不能相交（如果相交则违反热力学第二定律）。

提示：采用反证法，假设两条可逆绝热线可以相交，另外作一条等温线和它们相交，这就构成了一个单一热源的循环。

4. 有一卡诺机工作于 500℃ 和 30℃ 的两个热源之间，该卡诺机每分钟从高温热源吸收 1000kJ 热量，求：

1）卡诺机的热效率。

2）卡诺机的功率（kW）。

【解】
$$\eta_C = \frac{W}{Q_1} = \frac{T_1-T_2}{T_1} = \frac{500-30}{273+500} = 0.608 = 60.8\%$$

$$W = Q_1 \eta_C = \frac{1000}{60} \times 0.608 \text{kW} = 10.13 \text{kW}$$

5. 利用一逆向卡诺机作为热泵来给房间供暖，室外（即低温热源）温度为 -5℃，为使室内（即高温热源）经常保持 20℃，每小时需供给 30000kJ 热量，试求：

1）逆向卡诺机的供热系数。

2）逆向卡诺机每小时消耗的功。

3）若直接用电炉取暖，每小时需耗电多少度（kW·h）。

【解】 1）供热系数为

$$\varepsilon = \frac{Q_1}{W} = \frac{T_1}{T_1-T_2} = \frac{273+20}{20-(-5)} = 11.72$$

2）逆向卡诺机每小时耗功为

$$W = \frac{Q_1}{\varepsilon} = \frac{30000}{11.72} \text{kJ} = 2559.727 \text{kJ}$$

3）直接用电炉

$$30000 = 3600x$$

耗电
$$x = 8.33 \text{kW·h}$$

6. 由一热机和一热泵联合组成一供热系统，热机带动热泵，热泵从环境吸热向暖气放热，同时热机所排废气也供给暖气。若热源温度为 210℃，环境温度为 15℃，暖气温度为 60℃，热机与热泵都依卡诺循环运行，当热源向热机提供 10000kJ 热量时，暖气所得到的热量是多少？

【解】 已知：$Q_1 = 10000 \text{kJ}$ $T_1 = (210+273.15)\text{K} = 483.15\text{K}$

$T_C = (60+273.15)\text{K} = 333.15\text{K}$ $T_0 = (15+273.15)\text{K} = 288.15\text{K}$

热机侧

$$\frac{Q_{C1}}{T_C} = \frac{Q_1}{T_1} = \frac{W}{T_1 - T_C}$$

$$\eta_C = 1 - \frac{T_C}{T_1} = 1 - \frac{333.15}{483.15}$$

$$W = 10000\text{kJ} \times \eta_C = 3104.63\text{kJ}$$

$$Q_{C1} = (10000 - 3104.63)\text{kJ} = 6895.37\text{kJ}$$

热泵侧

$$\frac{W}{T_C - T_0} = \frac{Q'_{C1}}{T_C} \quad Q'_{C1} = \frac{T_C}{T_C - T_0}W = \frac{333.15}{45} \times 3104.63\text{kJ} = 22984.61\text{kJ}$$

暖气得到的热量为

$$Q_{总} = Q_{C1} + Q'_{C1} = (6895.37 + 22984.61)\text{kJ} = 29879.98\text{kJ}$$

7. 有人声称设计出了一热机,工作于 $T_1 = 400\text{K}$ 和 $T_2 = 250\text{K}$ 的两个热源之间,当工质从高温热源吸收了 104750kJ 热量,对外做功 20kW·h,这种热机可能吗?

【解】 在 $T_1 = 400\text{K}$ 和 $T_2 = 250\text{K}$ 之间工作的卡诺循环的热效率为

$$\eta_C = \frac{W_{max}}{Q_1} = \frac{T_1 - T_2}{T_1} = \frac{400 - 250}{400} = 0.375 = 37.5\%$$

可能做出的最大功为

$$W_{max} = Q_1 \cdot \eta_C = \frac{104750 \times 37.5\%}{3600}\text{kW·h} = 10.91\text{kW·h} < 20\text{kW·h}$$

这种热机不可能。

8. 有一台换热器,热水由 200℃ 降温到 120℃,流量为 15kg/s;冷水进口温度为 35℃,流量为 25kg/s。求该过程 1s 的熵增和㶲损失。水的比热容为 4.187kJ/(kg·K),环境温度为 15℃。

【解】 按每秒计算,有热流体放热为

$$Q_1 = q_{m1}\Delta t_1 c_p = 15 \times 4.187 \times 80\text{kJ} = 5024.4\text{kJ}$$

冷流体吸热

$$Q_2 = q_{m2}c_p\Delta t_2 \quad Q_1 = Q_2,\text{可得}$$

$$\Delta t_2 = \frac{15 \times 80}{25}℃ = 48℃$$

冷流体出口温度为

$$t''_2 = (35 + 48)℃ = 83℃$$

热流体放热过程熵变为

$$\Delta S_1 = \int_{T'_1}^{T''_1} \frac{Q}{T} = \int_{T'_1}^{T''_1} c_p m_1 \frac{\mathrm{d}T}{T} = c_p m_1 \ln\frac{T''_1}{T'_1} = 4.187 \times 15 \times \ln\frac{273 + 120}{273 + 200}\text{kJ/K} = -11.637\text{kJ/K}$$

冷流体吸热过程熵变

$$\Delta S_2 = \int_{T'_2}^{T''_2} \frac{Q}{T} = \int_{T'_2}^{T''_2} c_p m_2 \frac{\mathrm{d}T}{T} = c_p m_2 \ln\frac{T''_2}{T'_2} = 4.187 \times 25 \times \ln\frac{273 + 83}{273 + 35}\text{kJ/K} = 15.16\text{kJ/K}$$

系统熵增为

$$\Delta S = \Delta S_1 + \Delta S_2 = (-11.637 + 15.16) \, \text{kJ/K} = 3.523 \, \text{kJ/K}$$

㶲损失为

$$T_0 \cdot \Delta S = (273 + 15) \times 3.523 \, \text{kJ} = 1014.624 \, \text{kJ}$$

9. 图 5-2 所示为一烟气余热回收方案。设烟气的比定压热容为 $c_p = 1400 \text{J/(kg·K)}$。试求：

1）烟气流经换热器时传给热机工质的热量 Q_1。

2）热机放给大气的最小热量 Q_2。

3）热机输出的最大功 W_0。

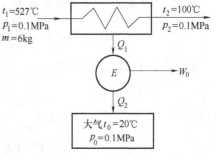

图 5-2　计算题 9 图

【解】　1）等压放热过程的热量为

$$Q_1 = c_p m \Delta t = 1.4 \times 6 \times (527 - 100) \, \text{kJ} = 3586.8 \, \text{kJ}$$

烟气熵变为

$$\Delta S_1 = \int_{T_1}^{T_2} \frac{Q_1}{T} = \int_{T_1}^{T_2} c_p m \frac{\mathrm{d}T}{T} = c_p m \ln \frac{T_2}{T} = 1.4 \times 6 \times \ln \frac{373}{800} \, \text{kJ/K} = -6.41 \, \text{kJ/K}$$

热机熵变为 0。

2）环境熵变为

$$\Delta S_2 = \frac{Q_2}{T_0} = -\Delta S_1$$

$$Q_2 = T_0(-\Delta S_1) = 293 \times 6.41 \, \text{kJ} = 1878.13 \, \text{kJ}$$

3）热机输出的最大功为

$$W_0 = Q_1 - Q_2 = (3586.8 - 1878.13) \, \text{kJ} = 1708.67 \, \text{kJ}$$

10. 将 100kg、15℃的水与 200kg、60℃的水在绝热容器中混合，假定容器内壁与水之间也是绝热的，求：

1）混合后水的温度。

2）系统的熵变。

3）系统的做功能力损失。已知环境温度 $T_0 = 290 \text{K}$。

【解】　1）设混合后水的温度为 t，有以下热平衡式

$$c_p(t - 15℃) \times 100 \text{kg} = c_p(60℃ - t) \times 200 \text{kg}$$

解得 $t = 45℃$

2）系统的熵变为

$$\Delta S = 4.1868 \times \left(100 \times \ln \frac{318.15}{288.15} + 200 \times \ln \frac{318.15}{333.15} \right) \text{kJ/K} = 2.89 \, \text{kJ/K}$$

3）系统的做功能力损失为

$$I = T_0 \Delta S = 290 \times 2.89 \, \text{kJ} = 838.1 \, \text{kJ}$$

11. 空气预热器利用锅炉出来的废气来预热进入锅炉的空气。压力为 100kPa、温度为 780K、比焓为 800.03kJ/kg、比熵为 7.69kJ/(kg·K) 的废气以 75kg/min 的流量进入空气预热器，废气离开时的温度为 530K，比焓为 533.98kJ/kg，比熵为 7.2725 kJ/(kg·K)。进入空气预热器的空气压力为 101kPa，温度为 290K，质量流量为 70kg/min，假定空气预热器的散热损失及气流阻力都忽略不计，试计算：

1）空气在预热器中每秒获得的热量。

2）空气的出口温度。

3）若环境温度 $T_0 = 290K$，试计算该预热器每秒的不可逆损失（做功能力损失）。

【解】 1）锅炉废气每秒放热为

$$Q = m_1(h_1' - h_1'') = \frac{75}{60} \times (800.03 - 533.98) kW = 332.563 kW$$

2）设空气出口温度为 T_2''

有

$$Q = m_2 c_p \Delta t$$

所以

$$\Delta t = \frac{Q}{m_2 c_p} = \frac{332.563 \times 60}{70 \times 1.004} K = 283.92 K$$

$$T_2'' = (290 + 283.92) K = 573.92 K$$

3）

$$\Delta S_1 = m_1(s_1'' - s_1') = -75 \times (7.69 - 7.2725) \div 60 kW/K = -0.522 kW/K$$

$$\Delta S_2 = c_p m_2 \ln \frac{T_2''}{T_2'} = 1.004 \times 70 \times \ln \frac{573.92}{290} \div 60 kW/K = 0.80 kW/K$$

㶲损失为 $I = T_0 \Delta S = 290 \times (\Delta S_1 + \Delta S_2) = 290 \times (0.80 - 0.522) kW = 80.62 kW$

12. 有 100kg 温度为 0℃ 的冰，在 20℃ 的大气环境中融化成 0℃ 的水，这时热量的做功能力损失了，如果在大气与冰块之间放一可逆机，求冰块完全融化时可逆机能做出的功。已知冰的融化热为 334.7kJ/kg。

【解】 排向低温热源的热量使冰融化，故

$$Q_2 = m\gamma = 100 \times 334.7 kJ = 33470 kJ$$

根据卡诺循环热效率公式

$$\eta_C = 1 - \frac{T_2}{T_1} = 1 - \frac{Q_2}{Q_1}$$

所以，从环境（高温热源）吸收的热量为

$$Q_1 = \frac{T_1}{T_2} Q_2$$

可逆机能做出的功为

$$W = Q_1 - Q_2 = \frac{T_1 - T_2}{T_2} Q_2 = 33470 \times \frac{20}{273} kJ = 2452.015 kJ$$

13. 有 100kg 温度为 0℃ 的水，在 20℃ 的大气环境中吸热变成 20℃ 的水，如果在大气和水之间加一个可逆机，求水温度升高到 20℃ 时可逆机能做出的功。

【解】 $$Q_2 = mc\Delta t = 100 \times 4.1868 \times 20 kJ = 8374 kJ$$

$$\Delta S_2 = mc_p \ln \frac{T_2''}{T_2'} = 100 \times 4.1868 \times \ln \frac{273.15 + 20}{273.15} kJ/K = 29.6 kJ/K$$

$$\Delta S_1 = -\Delta S_2 \quad |Q_1| = T_1 |\Delta S_1| = 293 \times 29.6 kJ = 8672.8 kJ$$

$$W = Q_1 - Q_2 = (8672.8 - 8374) kJ = 298.8 kJ$$

14. 孤立系统内有温度分别为 T_A 和 T_B 的 A、B 两个固体进行热交换，它们的质量（m）和比热容（c）相同，且比热容为定值，$T_A > T_B$。请推导说明它们达到热平衡的过程是一个不可逆过程。

提示：先根据热平衡方程求出平衡温度，再利用固体熵变的计算公式分别求 A、B 两个物体的熵的变化。整个系统熵的变化等于两者之和，孤立系统熵变大于 0，就意味着该传热过程是不可逆的。

15. 设炉膛中火焰的温度恒为 $t_1 = 1500℃$，锅炉内蒸汽的温度恒为 $t_s = 500℃$，环境温度为 $t_0 = 25℃$，求火焰每传出 1000kJ 热量引起的熵产和做功能力损失。

【解】 $T_1 = (1500+273.15)K = 1773.15K$ $T_2 = (500+273.15)K = 773.15K$

$T_0 = (25+273.15)K = 298.15K$

熵产

$$\Delta S = Q\left(\frac{1}{T_2} - \frac{1}{T_1}\right) = 1000 \times \left(\frac{1}{773.15} - \frac{1}{1773.15}\right) kJ/K = 0.7294 kJ/K$$

做功能力损失为

$$I = T_0 \Delta S = 298.15 \times 0.7294 kJ = 217.47 kJ$$

16. 有一根质量为 9kg 的铜棒，温度为 500K，$c_p = 0.383 kJ/(kg \cdot K)$，如果环境温度为 27℃，试问铜棒的做功能力是多少？如果将铜棒与具有环境温度的水（质量为 5kg，$c_p = 4.1868 kJ/(kg \cdot K)$）相接触，它们的平衡温度是多少？平衡后铜棒和水的做功能力为多少？这个不可逆传热引起做功能力的损失是多少？

【解】 1) $T_0 = (27+273)K = 300K$

$Q_1 = c_p m \Delta t = 0.383 \times 9 \times (500-300) kJ = 689.4 kJ$

$$\Delta S_{铜棒} = \int_{T_1'}^{T_1''} c_p m \frac{dT}{T} = c_p m \ln \frac{T_0}{T_1} = 0.383 \times 9 \times \ln \frac{3}{5} kJ/K = -1.76082 kJ/K$$

$W = Q_1 - T_0 \Delta S_{空气} = Q_1 - T_0(-\Delta S_{铜棒}) = (689.4 - 300 \times 1.76082) kJ = 161.154 kJ$

2) 平衡温度为

$m_铜 c_{p铜}(500K - T) = m_水 c_{p水}(T - 300K)$

$9kg \times 0.383 kJ/(kg \cdot K) \times (500K - T) = 5kg \times 4.1868 kJ/(kg \cdot K) \times (T - 300K)$

解得 $T = 328.276K$

$Q_铜 = c_p m \Delta t = 0.383 \times 9 \times (328.276 - 300) kJ = 97.467 kJ$

$$\Delta S_{铜棒} = c_p m \ln \frac{T_0}{T} = 0.383 \times 9 \times \ln \frac{300}{328.276} kJ/K = -0.31048 kJ/K$$

$Q_水 = c_p m \Delta t = 4.1868 \times 5 \times (328.276 - 300) kJ = 591.93 kJ$

$$\Delta S_水 = c_p m \ln \frac{T_0}{T} = 4.1868 \times 5 \times \ln \frac{300}{328.276} kJ/K = -1.8856 kJ/K$$

$W_铜 = Q_铜 - T_0 \Delta S_铜 = (97.467 - 300 \times 0.31048) kJ = 4.32 kJ$

$W_水 = Q_水 - T_0 \Delta S_水 = (591.93 - 300 \times 1.8856) kJ = 26.25 kJ$

$W_铜 + W_水 = (4.32 + 26.25) kJ = 30.57 kJ$

做功能力损失为

$$I = (161.154 - 30.57) kJ = 130.584 kJ$$

17. 今有满足状态方程 $pv = R_g T$ 的某气体稳定地流过一变截面绝热管道，其中 A 截面上

压力 $p_A = 0.1\text{MPa}$，温度 $t_A = 27℃$，B 截面上压力 $p_B = 0.5\text{MPa}$，温度 $t_B = 177℃$。该气体的气体常数 $R_g = 0.287\text{kJ/(kg·K)}$，比定压热容 $c_p = 1.004\text{kJ/(kg·K)}$。试问此管道哪一截面为进口截面？

【解】 $T_A = (273.15+27)\text{K} = 300.15\text{K}$　$T_B = (273.15+177)\text{K} = 450.15\text{K}$

$$\Delta s_{AB} = c_p \ln \frac{T_B}{T_A} - R_g \ln \frac{p_B}{p_A} = \left(1.004 \times \ln \frac{450.15}{300.15} - 0.287 \times \ln \frac{0.5}{0.1}\right)\text{kJ/(kg·K)} = -0.055\text{kJ/(kg·K)}$$

$\Delta s_{AB} < 0$，由 $A \to B$ 不可能，应该是由 $B \to A$ 的过程。

18. 空气的初态参数为 $p_1 = 0.8\text{MPa}$ 和 $t_1 = 50℃$，此空气流经阀门发生绝热节流作用，并使空气体积增大到原来的 3 倍。求节流过程中空气的熵增，并求其最后的压力。若环境温度为 20℃，空气经节流后做功能力减少了多少？

【解】 绝热节流特征：焓相等，熵增。

对于理想气体，如空气，焓相等则温度相等，$t_2 = 50℃$，

$$\Delta s = c_p \ln \frac{T_2}{T_1} + R_g \ln \frac{V_2}{V_1} = (0 + 0.287 \times \ln 3)\text{kJ/(kg·K)} = 0.315\text{kJ/(kg·K)}$$

$$i = T_0 \Delta s = (273.15+20) \times 0.315\text{kJ} = 92.34\text{kJ/kg}$$

19. 温度为 800K、压力为 5.5MPa 的燃气进入燃气轮机内绝热膨胀，在燃气轮机出口测得两组数据，一组压力为 1.0MPa，温度为 485K，另一组压力为 0.7MPa，温度为 495K。试问这两组参数哪一组是正确的？此过程是否可逆？若不可逆，其做功能力损失是多少？并将做功能力损失表示在 T-s 图上。燃气的性质可按空气处理，空气的比定压热容 $c_p = 1.004\text{kJ/(kg·K)}$，气体常数 $R_g = 0.287\text{kJ/(kg·K)}$，环境温度 $T_0 = 300\text{K}$。

【解】 第一组数据：

$$\Delta s_1 = c_p \ln \frac{T_1}{T} - R_g \ln \frac{p_1}{p} = \left(1.004 \times \ln \frac{485}{800} - 0.287 \times \ln \frac{1}{5.5}\right)\text{kJ/(kg·K)} = -0.0132\text{kJ/(kg·K)} < 0$$

不可能。

第二组数据：

$$\Delta s_2 = c_p \ln \frac{T_2}{T} - R_g \ln \frac{p_2}{p} = \left(1.004 \times \ln \frac{495}{800} - 0.287 \times \ln \frac{0.7}{5.5}\right)\text{kJ/(kg·K)} = 0.1097\text{kJ/(kg·K)} > 0$$

第二组数据正确，$\Delta s_2 > 0$ 不可逆，$I = T_0 \Delta s_2 = 300 \times 0.1097\text{kJ/kg} = 32.91\text{kJ/kg}$

图略。

20. 在图 5-3 所示的 T-s 图上给出两个热力循环：1-2-6-5-1 为卡诺循环，1-2-3-4-1 为不可逆循环，其中 2-3 为有摩擦的绝热膨胀过程，4-1 为有摩擦的绝热压缩过程，请分别求出两个热力循环的循环净功和热效率。

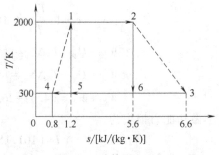

图 5-3　计算题 20 图

【解】 对于循环 1-2-5-6-1 有

$$W_{net} = (2000-300) \times (5.6-1.2)\text{kJ/kg} = 7480\text{kJ/kg}$$

热效率为

$$\eta_{t} = \frac{2000-300}{2000} = 85\%$$

对于循环 1-2-3-4-1 有

$$W_{net} = Q_{net} = \left[2000 \times (5.6-1.2) - 300 \times (6.6-0.8) \right] kJ/kg = 7060 kJ/kg$$

热效率为

$$\eta'_{t} = \frac{W_{net}}{Q_{1}} = \frac{7060}{2000 \times 4.4} = 80.23\%$$

21. 在一人造卫星上有一可逆热机，它在温度 T_H 高温热源和温度 T_1 辐射散热板之间运行，辐射散热板的散热量 Q_1 与辐射散热板的面积 A 及 T_1^4 成正比，并给出了热机输出 W 和 T_H 值（图5-4），试证明：在辐射散热板的面积最小时 $T_1/T_H = 0.75$。

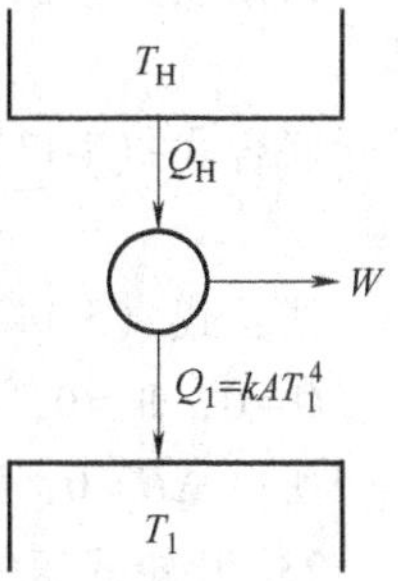

【解】 辐射散热板的散热量为

$$Q_1 = kAT_1^4$$

对于可逆热机，有

$$\frac{Q_H}{T_H} = \frac{Q_1}{T_1} = kAT_1^3$$

输出功为

$$W = Q_H - Q_1 = kAT_1^3 T_H - kAT_1^4$$

得

$$A = \frac{W}{kT_1^3 T_H - kT_1^4}$$

若想使辐射散热板的面积 A 最小，就是分母取最大值时。

令 $B = kT_1^3 T_H - kT_1^4$，即 $\dfrac{dB}{dT_1} = 0$ 时，面积取得最小值。

$$\frac{dB}{dT_1} = k(3T_1^2 T_H - 4T_1^3) = 0, \quad k \neq 0$$

$3T_1^2 T_H - 4T_1^3 = 0$ 可得

$$T_1/T_H = 0.75$$

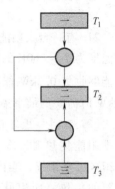

图5-4　计算题21图

22. 有三个质量（有限质量）完全相同的物体，它们的比热容为常数，温度分别为 300K、300K、1000K。如无外来的功和热，试由你在三个物体之间组成热机和制冷机运行。试问，直到热机停止运行时，其中一个物体所能达到的最高温度是多少？并画出热机和制冷机的运行方向图。

【解】 如图5-5所示，$T_1 = 1000K$，$T_2 = T_3 = 300K$，一和二物体构成热机，二和三物体构成制冷机，热机产生的功带动制冷机。热机停止工作的条件是一、二两个物体温度相同，无温差，设一、二物体的共同温度为 T，三物体的温度为 T'，热机停止运行后，三个物体熵的变化量分别为

图5-5　计算题22图

$$\Delta S_1 = cm\ln\frac{T}{T_1} \qquad \Delta S_2 = cm\ln\frac{T}{T_2} \qquad \Delta S_3 = cm\ln\frac{T'}{T_3}$$

要想使一个物体所能达到的温度最高，则整个系统内应没有不可逆过程，无熵增，即

$$\Delta S_{\text{iso}} = \Delta S_1 + \Delta S_2 + \Delta S_3 = 0$$

代入可得

$$T^2 T' = T_1 T_2 T_3 \tag{5-13}$$

三个物体的吸放热量分别为

$$Q_{1\text{放}} = cm(T_1 - T), \quad Q_{2\text{吸}} = cm(T - T_2), \quad Q_{3\text{放}} = cm(T_3 - T')$$

根据能量守恒，有

$$Q_{1\text{放}} + Q_{3\text{放}} = Q_{2\text{吸}} \Rightarrow T_1 - T - T' + T_3 = T - T_2 \tag{5-14}$$

联合式（5-13）和式（5-14）求解：

$$T = 711\text{K} \qquad T' = 178\text{K}$$

注：式（5-14）也可以由 $Q = \Delta U + W$，因为

$Q = 0$，$W = 0$，

所以 $\Delta U = 0$，$T_1 + T_2 + T_3 = T + T + T'$ 得到。

23. 叶轮式压气机将 0.1MPa、27℃的空气不可逆地绝热加压到 0.6MPa，若压气机的绝热效率为 0.93。求每千克空气在压气机进出口截面的熵差及过程的熵流、熵产和做功能力损失。已知环境：$p_0 = 0.1\text{MPa}$，$t_0 = 27℃$。

【解】 设空气经过叶轮式压气机等熵压缩后的温度为 T_2，则

$$T_2 = T_1 \pi^{\frac{\kappa-1}{\kappa}} = 300.15 \times 6^{\frac{0.4}{1.4}}\text{K} = 500.8\text{K}$$

由压气机绝热效率的定义有

$$\eta_{\text{C},s} = \frac{T_2 - T_1}{T_{2a} - T_1} = \frac{500.8\text{K} - 300.15\text{K}}{T_{2a} - 300.15\text{K}} = 0.93$$

解得压气机的实际出口温度为 $T_{2a} = 515.9\text{K}$。

绝热压缩，熵流为 0，压气机进出口截面的熵差为不可逆压缩的熵产。

$$\Delta s = \Delta s_g = c_p\ln\frac{T_{2a}}{T_1} - R_g\ln\frac{p_2}{p_1} = \left(1.004\times\ln\frac{515.9}{300.15} - 0.287\times\ln6\right)\text{kJ/(kg}\cdot\text{K)} = 0.02956\text{kJ/(kg}\cdot\text{K)}$$

空气做功能力损失为

$$i = T_0\Delta s = 300.15 \times 0.02956\text{kJ/kg} = 8.87\text{kJ/kg}$$

24. 有一台太阳能热泵，从温度为 $T_1 = 350\text{K}$ 的太阳能集热器处以热的方式接收能量，从温度为 $T_2 = 260\text{K}$ 的冷空间抽热，向温度为 $T_3 = 293\text{K}$ 的空间供热。如果每平方米集热器表面能够收集 0.2kW 能量，问当供热量为 10kW 时需要的最小集热器面积是多少？

【解法1】 黑箱法：如图 5-6 所示，将太阳能集热器、冷空间、供热空间三者组成孤立系统，当内部无不可逆性时，需要的集热器面积最小，此时，孤立系统熵的变化为 0，且满足能量守恒。

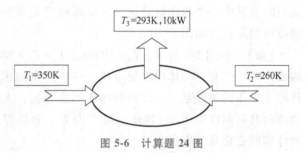

图 5-6 计算题 24 图

设集热器面积为 $x \text{ m}^2$，从低温空间抽热 $Q_2 \text{ kW}$，有以下两个方程：

$$\frac{0.2x}{350}+\frac{Q_2}{260}-\frac{10}{293}=0$$

$$0.2x+Q_2=10$$

解得

$$x=21.9\ (\text{m}^2)$$

【解法2】 构造一个系统：在热源 T_1 和 T_2 之间有一可逆热机 A，在热源 T_2 和 T_3 之间有一可逆热泵 B，A 产生的功驱动 B。这样构成的系统没有不可逆性，能保证集热器的面积最小。设集热器的最小面积为 $x \text{ m}^2$

热机 A 的热效率为

$$\eta_C=1-\frac{T_2}{T_1}$$

热泵 B 的热泵（供热）系数为

$$\varepsilon'_C=\frac{T_3}{T_3-T_2}$$

A 产生的功驱动 B，故有

$$0.2x\eta_C=\frac{10}{\varepsilon'_C}$$

$$x=\frac{50}{\eta_C\varepsilon'_C}=\frac{50}{\left(1-\dfrac{T_2}{T_1}\right)\dfrac{T_3}{T_3-T_2}}=21.9\ (\text{m}^2)$$

25. 两股水蒸气流：A 的压力 $p_A=5\text{MPa}$，温度 $t_A=500℃$，比焓 $h_A=3432.2\text{kJ/kg}$，比熵 $s_A=6.9735\text{kJ/(kg·K)}$；B 的压力 $p_B=10\text{MPa}$，温度 $t_B=400℃$，比焓 $h_B=3095.8\text{kJ/kg}$，比熵 $s_B=6.2109\text{kJ/(kg·K)}$。试问，在环境温度 $t_0=20℃$ 的条件下，哪股水蒸气流的做功能力强？

【解】 水蒸气流的做功能力强弱要看其比㶲值的大小，即

$ex_A-ex_B=h_A-h_B-T_0(s_A-s_B)$

$=[3432.2-3095.8-293.15\times(6.9735-6.2109)]\text{kJ/kg}=112.84\text{kJ/kg}$

可见，A 股水蒸气流做功能力强。

26. 有两个体积均为 1m^3 的钢制气瓶 A 和 B 装有同种理想气体，两个气瓶之间通过管道和一台微型压缩机连接，整个装置浸于温度为 $10℃$ 的恒温水中，如图 5-7 所示，开始时两气瓶压力相等，均为 0.4MPa。现起动压缩机使 B 气瓶的压力提高到 0.6MPa。问 A 气瓶的压力变为多少？压缩机耗功及整个装置通过水传给外界的热量是多少？假设压缩过程为可逆等温过程。

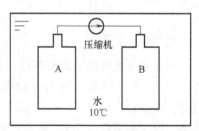

图 5-7 计算题 26 图

【解】 1）设 A 气瓶的压力变为 p_{A2}，根据质量守恒有

$$\frac{p_{A2}V}{R_gT}+\frac{0.6\text{MPa}V}{R_gT}=2\times\frac{0.4\text{MPa}V}{R_gT}$$

解得 $p_{A2}=0.2\text{MPa}$

2）由于是等温可逆压缩，因此，消耗的压缩功全部转变为系统的㶲值增加，分为三部分。

A 气瓶中剩余气体的㶲值变化为

$$\Delta EX_1=m_1\Delta ex_1=\frac{0.2\times10^6\text{Pa}\times1\text{m}^3}{R_gT}[h_2-h_1-T_0(s_2-s_1)]=\frac{0.2\times10^6}{R_gT}R_gT\ln\frac{0.2}{0.4}\text{J}=-138.629\text{kJ}$$

从 A 气瓶中抽到 B 瓶中气体的㶲值变化为

$$\Delta EX_2=m_2\Delta ex_2=\frac{0.2\times10^6\text{Pa}\times1\text{m}^3}{R_gT}[h_2-h_1-T_0(s_2-s_1)]=\frac{0.2\times10^6}{R_gT}R_gT\ln\frac{0.6}{0.4}\text{J}=81.093\text{kJ}$$

B 气瓶中原有气体的㶲值变化为

$$\Delta EX_3=m_2\Delta ex_3=\frac{0.4\times10^6\text{Pa}\times1\text{m}^3}{R_gT}[h_2-h_1-T_0(s_2-s_1)]=\frac{0.4\times10^6}{R_gT}R_gT\ln\frac{0.6}{0.4}\text{J}=162.186\text{kJ}$$

系统总的㶲值变化为

$$\Delta EX=\Delta EX_1+\Delta EX_2+\Delta EX_3=104.65\text{kJ}$$

故压缩机耗功为 104.65kJ。

3）根据热力学第一定律，$Q=\Delta H+W_t$，空气的温度不变，$\Delta H=0$。

故　　　$Q=W_t=-W_C=-104.65\text{kJ}$（负号表示放热）。

5.2.5　分析题

提高高温热源的温度以及降低低温热源的温度均可提高卡诺循环的热效率，哪种方法更有效？（即高温热源提高的温度和低温热源降低的温度相等，哪种方法提高卡诺循环的热效率更多？）

提示：先写出在高温热源 T_1 和低温热源 T_2 之间卡诺循环的热效率，当高温热源的温度升高 ΔT（$\Delta T>0$）时，求得一个效率，当低温热源的温度降低 ΔT（$\Delta T>0$）时，再求得一个效率，比较这两个效率。

结论：降低低温热源的温度对提高卡诺循环的热效率更有效。

需要注意，降低低温热源的温度有一个限度，那就是不能低于环境温度，否则将得不偿失。

5.2.6　拓展题

一根表面绝热的等截面铜棒，开始时它在两个恒温热源之间发生稳态导热，一端温度为 $T_2=500\text{K}$，另一端温度为 $T_1=300\text{K}$，中间部分温度呈线性分布。去掉两端热源，经过长时间后，铜棒将达到均匀一致的温度，求过程前后铜棒总的熵变。已知，铜棒两端的热损失可忽略，铜棒的质量为 5kg，铜的比热容为定值 $c_p=0.385\text{kJ}/(\text{kg}\cdot\text{K})$。

【解】　由能量守恒，不难得出铜棒最后的温度为 400K。

设铜棒总长为 L，如图 5-8 所示，以图中阴影部分为研究对象，其质量为 $dm=\frac{dx}{L}m$，开始时其温度为 $T=T_1+\frac{x}{L}(T_2-T_1)$，所研究部分最后变为平衡温度 400K，其熵的变化为

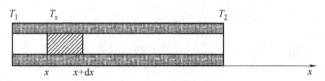

图 5-8 拓展题图

$$dS = \Delta S_x \, dm = c_p \ln \frac{T_0}{T} \frac{dx}{L} m = c_p \ln \frac{400K}{T_1 + \dfrac{x}{L}(T_2 - T_1)} \frac{dx}{L} m = \frac{mc_p}{L} \ln \frac{400KL}{T_1 L + (T_2 - T_1) x} dx$$

从 0 到 L 积分，可以得出整根铜棒的熵变为

$$\Delta S = mc_p \left(\ln 400 + \frac{T_2 \ln T_2 - T_1 \ln T_1}{T_1 - T_2} + 1 \right)$$

$$= 5 \times 0.385 \times \left[\ln 400 + \frac{500 \ln 500 - 300 \ln 300}{300 - 500} + 1 \right] kJ/K = 0.02044 kJ/K$$

注：1）这是一个典型的不可逆过程，又一次证明了孤立系统熵增加原理的正确性。

2）计算中需用到积分公式 $\int \ln x \, dx = x \ln x - x + C$。

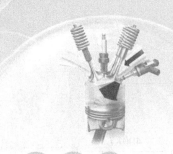

第 6 章

热力学一般关系式及实际气体的性质

6.1 本章知识要点

1. 循环关系式和链式关系式

对于简单可压缩系统，如果 x、y 是两个相互独立的状态参数，则状态参数 z 可以表示成 x、y 的二元连续函数 $z = z(x, y)$。x、y、z 的微元变化 dx、dy、dz 之间的关系可以用函数的全微分来表示，即

$$\left(\frac{\partial z}{\partial x}\right)_y \left(\frac{\partial x}{\partial y}\right)_z \left(\frac{\partial y}{\partial z}\right)_x = -1$$

设有四个两两相互独立的变量 x、y、z 和 w，其中任一变量可以写成其余任意两个变量的连续函数，则对于函数 $x = x(y, w)$、$y = y(z, w)$ 和 $x = x(z, w)$，有

$$\left(\frac{\partial x}{\partial y}\right)_w \left(\frac{\partial y}{\partial z}\right)_w \left(\frac{\partial z}{\partial x}\right)_w = 1$$

2. 热系数

（1）相对压力系数　物质在等容条件下压力随温度的相对变化率称为相对压力系数，也称为压力的温度系数，用 α_p 表示，即

$$\alpha_p = \frac{1}{p}\left(\frac{\partial p}{\partial T}\right)_v$$

（2）等温压缩率　物质在等温的条件下比体积随压力的相对变化率称为等温压缩率，用 κ_T 表示，即

$$\kappa_T = -\frac{1}{v}\left(\frac{\partial v}{\partial p}\right)_T > 0$$

（3）等熵压缩率　物质在等熵（即可逆绝热）条件下比体积随压力的相对变化率称为等熵压缩率或绝热压缩率，用 κ_s 表示，即

$$\kappa_s = -\frac{1}{v}\left(\frac{\partial v}{\partial p}\right)_s > 0$$

（4）体膨胀系数　物质在等压条件下比体积随温度的相对变化率称为体膨胀系数，用 α

表示，即

$$\alpha = \frac{1}{v}\left(\frac{\partial v}{\partial T}\right)_p$$

3. 亥姆霍兹函数和吉布斯函数

自由能又称为亥姆霍兹函数，定义为

$$F = U - TS$$

单位质量工质的自由能为

$$f = u - Ts$$

自由焓又称为吉布斯函数，定义为

$$G = H - TS$$

单位质量工质的自由焓为

$$g = h - Ts$$

4. 麦克斯韦关系式（表6-1）★

表 6-1　麦克斯韦关系式

序号	定义	微分形式	麦克斯韦关系式
1	$\Delta u = q - w$	$\mathrm{d}u = T\mathrm{d}s - p\mathrm{d}v$	$\left(\dfrac{\partial T}{\partial v}\right)_s = -\left(\dfrac{\partial p}{\partial s}\right)_v$
2	$h = u + pv$	$\mathrm{d}h = T\mathrm{d}s + v\mathrm{d}p$	$\left(\dfrac{\partial T}{\partial p}\right)_s = \left(\dfrac{\partial v}{\partial s}\right)_p$
3	$f = u - Ts$	$\mathrm{d}f = -s\mathrm{d}T - p\mathrm{d}v$	$\left(\dfrac{\partial s}{\partial v}\right)_T = \left(\dfrac{\partial p}{\partial T}\right)_v$
4	$g = h - Ts$	$\mathrm{d}g = -s\mathrm{d}T + v\mathrm{d}p$	$\left(\dfrac{\partial s}{\partial p}\right)_T = -\left(\dfrac{\partial v}{\partial T}\right)_p$

麦克斯韦关系式建立了简单可压缩物质系统的不可直接测量状态参数 s 与可测量的状态参数 p、v、T 之间的联系。

5. 比熵的一般关系式

1）$\mathrm{d}s = \dfrac{c_V}{T}\mathrm{d}T + \left(\dfrac{\partial p}{\partial T}\right)_v \mathrm{d}v$

2）$\mathrm{d}s = \dfrac{c_p}{T}\mathrm{d}T - \left(\dfrac{\partial v}{\partial T}\right)_p \mathrm{d}p$

3）$\mathrm{d}s = \dfrac{c_V}{T}\left(\dfrac{\partial T}{\partial p}\right)_v \mathrm{d}p + \dfrac{c_p}{T}\left(\dfrac{\partial T}{\partial v}\right)_p \mathrm{d}v$

6. 比热力学能的一般关系式

1）$\mathrm{d}u = c_V \mathrm{d}T + \left[T\left(\dfrac{\partial p}{\partial T}\right)_v - p\right]\mathrm{d}v$

2）$\mathrm{d}u = \left[c_p - p\left(\dfrac{\partial v}{\partial T}\right)_p\right]\mathrm{d}T - \left[T\left(\dfrac{\partial v}{\partial T}\right)_p + p\left(\dfrac{\partial v}{\partial p}\right)_T\right]\mathrm{d}p$

3) $\mathrm{d}u = c_V \left(\dfrac{\partial T}{\partial p} \right)_v \mathrm{d}p + \left[c_p \left(\dfrac{\partial T}{\partial v} \right)_p - p \right] \mathrm{d}v$

7. 比焓的一般关系式

$$\mathrm{d}h = c_p \mathrm{d}T + \left[v - T \left(\dfrac{\partial v}{\partial T} \right)_p \right] \mathrm{d}p$$

8. 比热容差的一般关系式

1) $c_p - c_V = T \left[\left(\dfrac{\partial s}{\partial T} \right)_p - \left(\dfrac{\partial s}{\partial T} \right)_v \right]$

2) $c_p - c_V = T \left(\dfrac{\partial s}{\partial v} \right)_T \left(\dfrac{\partial v}{\partial T} \right)_p$

3) $c_p - c_V = T \left(\dfrac{\partial p}{\partial T} \right)_v \left(\dfrac{\partial v}{\partial T} \right)_p$

9. 压缩因子★

实际气体 $\dfrac{pv}{R_g T}$ 值称为压缩因子或压缩系数，定义为

$$Z = \frac{pv}{R_g T} = \frac{p V_\mathrm{m}}{RT}$$

对于理想气体，$Z = 1$，实际气体 Z 可能大于 1，也可能小于 1，Z 值偏离 1 的大小，反映了实际气体对理想气体性质（状态方程）的偏离程度。压缩因子 Z 的大小不仅和气体的种类有关，同种气体的 Z 值还随着温度和压力而变化，因此，压缩因子 Z 是状态的函数。

10. 实际气体的状态方程

（1）范德瓦尔方程

$$\left(p + \frac{a}{v^2} \right)(v - b) = R_g T \quad \text{或} \quad p = \frac{R_g T}{v - b} - \frac{a}{v^2}$$

式中的修正项 a、b 是与气体种类有关的常数，称为范德瓦尔常数。

范德瓦尔方程可以整理成比体积的三次方程的形式：

$$v^3 - \left(b + \frac{R_g T}{p} \right) v^2 + \frac{a}{p} v - \frac{ab}{p} = 0$$

（2）位力方程

$$Z = \frac{pv}{R_g T} = 1 + \frac{B}{v} + \frac{C}{v^2} + \frac{D}{v^3} + \cdots$$

式中 B、C、D……都是温度函数，分别称为第二、第三、第四……位力系数。

位力方程（维里方程）也可以将压缩因子写成压力的幂级数的形式，即

$$Z = \frac{pv}{R_g T} = 1 + B'p + C'p^2 + D'p^3 + \cdots$$

11. 对比态参数与对比态原理

对比态参数，即物质实际参数和临界参数的比值，是一种无量纲数。这些对比态参数包

括对比温度 T_r，对比压力 p_r 和对比比体积 v_r，分别定义为

$$T_r = \frac{T}{T_{cr}}, \quad p_r = \frac{p}{p_{cr}}, \quad v_r = \frac{v}{v_{cr}}$$

虽然在同温同压下，不同气体的比体积是不同的，但在相同的对比温度 T_r 和对比压力 p_r 下，符合同一对比态状态方程的各种气体的对比比体积 v_r 则必然是相同的，这就是对比态原理，说明各种气体在对应的状态下具有相同的对比性质。数学上，对比态原理可以表示为

$$f(p_r, T_r, v_r) = 0$$

6.2 习题解答

6.2.1 简答题

1. 理想气体的基本假设是什么？在什么条件下可以把实际气体当作理想气体处理？

【答】 理想气体的基本假设是气体分子不占体积和分子之间没有作用力。当实际气体压力不是特别高、温度不是特别低、远离液态时，可以当作理想气体处理。

2. 压缩因子 Z 的物理意义是什么？压缩因子可以处理成常数吗？

【答】 压缩因子 Z 的物理意义是，它表示在压力 p、温度 T 时，实际气体的比体积和理想气体的比体积之比。若 $Z>1$，表明实际气体的比体积较将之视为理想气体计算出的同温同压下的比体积大些，说明实际气体比将之视为理想气体更难压缩；若 $Z<1$，表明实际气体的比体积较将之视为理想气体计算出的同温同压下的比体积小些，说明实际气体比将之视为理想气体更易压缩。所以，Z 实际上是从实际气体的可压缩性上来描述实际气体对理想气体的偏离的，因此称为压缩因子。

3. 物质的临界状态有什么特点？

【答】 每一种物质都有其确定的临界状态，在临界状态下饱和液体和干饱和蒸气点重合，汽化热为 0，当温度高于临界温度时，无论多高的压力都无法使气体液化，在临界点附近还有超流动特性和大比热容特性。

4. 什么是对比态参数？什么是对比态原理？

【答】 物质实际参数和临界参数的比值称为对比态参数，是无量纲量。在相同的对比温度 T_r 和对比压力 p_r 下，符合同一对比态态方程的各种气体的对比比体积 v_r 则必然是相同的，这就是对比态原理，又称为对应态原理。说明各种气体在对应的状态下具有相同的对比性质。数学上，对比态原理可以表示为

$$f(p_r, T_r, v_r) = 0。$$

5. 在超临界压力下等压加热流体，其状态从过冷液体平稳缓慢地升温变为过热蒸气，请描述这一变化过程。

【答】 在超临界压力下等压加热未饱和流体，其温度逐步升高，当达到临界温度时，液体直接汽化变为过热蒸气，温度继续升高。不会出现像亚临界加热那样，中间有一段从饱和液体、湿饱和蒸气，到干饱和蒸气温度保持不变的过程。

6. 对比态方程、通用压缩因子图的使用条件是什么？

【答】 严格地说，对比态方程仅适用于由球形小分子组成的简单流体，如 Ar、CH_4 等。通用压缩因子图的使用条件是符合对比态原理且具有相同临界压缩因子值的各种物质。

6.2.2 判断题

实际气体经绝热自由膨胀后，其热力学能不变。（   ）

答案：√。

6.2.3 填空题

1. 已知，$ds = c_p \dfrac{dT}{T} - \left(\dfrac{\partial v}{\partial T}\right)_p dp$，则可知 $\left(\dfrac{\partial c_p}{\partial p}\right)_T = $ _____。

2. $df = s$ _____ + _____ dv。

3. 在实际气体范德瓦尔方程中，常数 a 和 b 的物理意义分别是 _____ 和 _____。

4. 用压缩因子 Z 表示的实际气体状态方程为 _____。表达式中，$Z = v'/v$ 中的 v' 是指 _____，v 是指 _____。压缩因子 Z 可以大于、小于或等于 _____。

5. 满足范德瓦尔方程的实际气体在 1000℃ 和 20℃ 两个热源之间进行一卡诺循环，则循环的热效率为 _____。

答案：1. $-T\left(\dfrac{\partial^2 v}{\partial T^2}\right)_p$；2. $-dT$，$-p$；3. 与气体分子间作用力（内压力）相关的系数，与分子占据体积相关的系数；4. $pv = ZR_gT$，实际气体比体积，同温度同压力下理想气体比体积；5. 76.97%。

6.2.4 计算题

1. 一个体积为 23.3 m^3 的刚性容器内装有 1000kg 温度为 360℃ 的水蒸气，试分别采用下述方式计算容器内的压力（1bar = 10^5 Pa）。

1）理想气体状态方程。

2）范德瓦尔方程。

3）R-K 方程。

4）通用压缩因子图。

5）水蒸气图表。

【解】 1）按理想气体状态方程，气体常数为

$$R_g = 8314.3 \div 18 \text{J/(kg·K)} = 461.9 \text{J/(kg·K)}$$

则

$$p = mR_gT/V = 1000 \times 461.9 \times (360 + 273.15) \div 23.3 \text{Pa} = 125.516 \text{bar}$$

2）按范德瓦尔方程。查主教材附录，对于水蒸气，范德瓦尔方程常数为

$$a = 5.531 \text{bar}\left(\frac{m^3}{kmol}\right)^2 \qquad b = 0.0305 \frac{m^3}{kmol}$$

容器内水蒸气的千摩尔体积为

$$V_m = 23.3 \div (1000 \div 18.02) \text{ m}^3/\text{kmol} = 0.419866 \text{m}^3/\text{kmol}$$

$$p = \frac{RT}{V_m - b} - \frac{a}{V_m^2} = \left(\frac{8314 \times 633.15}{0.419866 - 0.0305} \times \frac{1}{10^5} - \frac{5.531}{0.176287} \right) \text{bar} = 103.8 \text{bar}$$

3）按 R-K 方程。查主教材附录，对于水蒸气，R-K 方程常数为

$$a = 142.59 \text{bar} \left(\frac{m^3}{\text{kmol}} \right)^2 K^{0.5}, \quad b = 0.02111 \frac{m^3}{\text{kmol}}$$

$$p = \frac{RT}{V_m - b} - \frac{a}{T^{0.5} V_m (V_m + b)}$$

$$= \left[\frac{8314 \times 633.15}{0.419866 - 0.02111} \times \frac{1}{10^5} - \frac{142.59}{0.419866 \times (0.419866 + 0.02111) \times 633.15^{0.5}} \right] \text{bar}$$

$$= 101.4 \text{bar}$$

4）查主教材附录，水蒸气的临界参数：$T_{cr} = 647.3 \text{K}$，$p_{cr} = 220.9 \text{bar}$。

$$p_r = \frac{p}{p_{cr}} = \frac{Z R_g T}{v} \frac{1}{p_{cr}} = \frac{Z \times 461.9 \times 633.15}{0.0233 \times 220.9 \times 10^5} = 0.5682 Z$$

$$T_r = \frac{T}{T_{cr}} = \frac{633.15}{647.3} = 0.978$$

查主教材中通用压缩因子图 6-3，作直线 $Z = 1.76 p_r$ 与 $T_r = 0.978$ 线相交，得 $p_r = 0.82$，则

$$p = p_r p_{cr} = 0.82 \times 220.9 \text{bar} = 181 \text{bar}$$

5）查水蒸气图表，得 $p = 100.02 \text{bar}$

2. 试分别采用下述方式计算 20MPa、400℃时水蒸气的比体积：

1）理想气体状态方程。

2）范德瓦尔方程。

3）R-K 方程。

4）通用压缩因子图。

5）水蒸气图表。

【解】 1）按理想气体状态方程，气体常数为

$$R_g = 8314.3/18 \text{J}/(\text{kg} \cdot \text{K}) = 461.9 \text{J}/(\text{kg} \cdot \text{K})$$

则

$$v = R_g T/p = 461.9 \times (400 + 273.15) \div (20 \times 10^6) \text{m}^3/\text{kg} = 0.0155 \text{m}^3/\text{kg}$$

2）按范德瓦尔方程。查主教材附录，对于水蒸气，范德瓦尔方程常数为

$$a = 5.531 \text{bar} \left(\frac{m^3}{\text{kmol}} \right)^2, \quad b = 0.0305 \frac{m^3}{\text{kmol}}$$

$$p - \frac{RT}{V_m - b} + \frac{a}{V_m^2} = 0 \Rightarrow V_m^3 - \left(b + \frac{RT}{p} \right) V_m^2 + \frac{a}{p} V_m - \frac{ab}{p} = 0$$

$$\Rightarrow V_m^3 - \left(0.0305 + \frac{8314.3 \times 673.15}{20 \times 10^6} \right) V_m^2 + \frac{5.531}{200} V_m - \frac{5.531 \times 0.0305}{200} = 0$$

$$\Rightarrow V_m^3 - 0.3103 V_m^2 + 0.02766 V_m - 0.000843 = 0$$

$$\Rightarrow V_m = 0.1859 \text{m}^3/\text{kmol}$$

则 $v = V_m \div 18.02\text{kg/kmol} = 0.0103\text{m}^3/\text{kg}$

3）按 R-K 方程。查主教材附录，对于水蒸气，R-K 方程常数为

$$a = 142.59\text{bar}\left(\frac{\text{m}^3}{\text{kmol}}\right)^2 \text{K}^{0.5}, \quad b = 0.02111\frac{\text{m}^3}{\text{kmol}}$$

$$p = \frac{RT}{V_m - b} - \frac{a}{T^{0.5}V_m(V_m + b)} \Rightarrow V_m^3 - \frac{RT}{p}V_m^2 - \left(\frac{RTb}{p} + b^2 - \frac{a}{pT^{0.5}}\right)V_m - \frac{ab}{pT^{0.5}} = 0$$

$$\Rightarrow V_m^3 - \frac{8314.3 \times 673.15}{20 \times 10^6}V_m^2 - \left(\frac{8314.3 \times 673.15 \times 0.02111}{20 \times 10^6} + 0.02111^2 - \frac{142.59}{200 \times 673.15^{0.5}}\right)V_m -$$

$$\frac{142.59 \times 0.02111}{200 \times 673^{0.5}} = 0$$

$$\Rightarrow V_m^3 - 0.279839V_m^2 - (0.005907 + 0.0004456 - 0.02748)V_m - 0.00058 = 0$$

$$\Rightarrow V_m^3 - 0.279839V_m^2 + 0.02112V_m - 0.00058 = 0$$

$$\Rightarrow V_m = 0.1807\text{m}^3/\text{kmol}$$

则 $v = V_m \div 18.02\text{kg/kmol} = 0.01003\text{m}^3/\text{kg}$

4）查主教材附录，水蒸气的临界参数：$T_{cr} = 647.3\text{K}$，$p_{cr} = 220.9\text{bar}$。

$$p_r = \frac{p}{p_{cr}} = \frac{200}{220.9} = 0.905$$

$$T_r = \frac{T}{T_{cr}} = \frac{673.15\text{K}}{647.3\text{K}} = 1.04$$

查主教材通用压缩因子图 6-2，$Z = 0.66$，则

$$v = ZR_gT/p = 0.66 \times 461.9 \times (400 + 273.15) \div (20 \times 10^6)\text{m}^3/\text{kg} = 0.01026\text{m}^3/\text{kg}$$

5）查水蒸气图表，得 $v = 0.0099\text{m}^3/\text{kg}$。

3. 某种气体服从范德瓦尔方程，试导出单位质量该气体的比体积从 v_1 可逆等温地变化到 v_2 时，膨胀功和技术功的表达式。

【解】 膨胀功为

$$w = \int_{v_1}^{v_2} p\,dv, \quad p = \frac{R_gT}{v - b} - \frac{a}{v^2}$$

得

$$w = \int_{v_1}^{v_2}\left(\frac{R_gT}{v - b} - \frac{a}{v^2}\right)dv = R_gT\ln\frac{v_2 - b}{v_1 - b} + a\left(\frac{1}{v_2} - \frac{1}{v_1}\right)$$

技术功为

$$w_t = -\int v\,dp, \text{由} \; p = \frac{R_gT}{v - b} - \frac{a}{v^2}$$

得

$$\frac{dp}{dv} = -R_gT(v - b)^{-2} + 2av^{-3}$$

$$\Rightarrow w_t = -\int v\,dp = -\int_{v_1}^{v_2} v\left[-R_gT(v - b)^{-2} + 2av^{-3}\right]dv = \int_{v_1}^{v_2}\left[\frac{R_gTv}{(v - b)^{-2}} - \frac{2a}{v^{-2}}\right]dv$$

$$= \int_{v_1}^{v_2}\frac{1}{2}\left[\frac{2R_gT(v - b)}{(v - b)^2} + \frac{2b}{(v - b)^2}\right]dv - 2a\int_{v_1}^{v_2}\frac{1}{v^2}dv$$

$$= \int_{v_1}^{v_2} \frac{1}{2} \frac{R_g T}{(v-b)^2} d(v-b)^2 + \int_{v_1}^{v_2} \frac{b}{(v-b)^{-2}} dv - 2a \int_{v_1}^{v_2} \frac{1}{v^{-2}} dv$$

$$= \frac{1}{2} R_g T \ln \frac{(v_2-b)^2}{(v_1-b)^2} + b \left(\frac{1}{v_2-b} - \frac{1}{v_1-b} \right) - 2a \left(\frac{1}{v_2} - \frac{1}{v_1} \right)$$

4. 贝特洛（Berthelot）状态方程可以表示为

$$p = \frac{RT}{V_m - b} - \frac{a}{TV_m^2}$$

试利用临界点的特性，即 $\left(\frac{\partial p}{\partial V_m} \right)_{T_{cr}} = 0$，$\left(\frac{\partial^2 p}{\partial V_m^2} \right)_{T_{cr}} = 0$ 推导出

$$a = \frac{27}{64} \frac{R^2 T_{cr}^3}{p_{cr}}, \quad b = \frac{3}{8} \frac{RT_{cr}}{p_{cr}}$$

【解】

$$\left(\frac{\partial p}{\partial V_m} \right)_{T_{cr}} = -\frac{RT_{cr}}{(V_m-b)^2} + 2 \frac{a}{T_{cr} V_m^3} = 0 \Rightarrow \frac{RT_{cr}}{(V_m-b)^2} = 2 \frac{a}{T_{cr} V_m^3} \tag{6-1}$$

$$\left(\frac{\partial^2 p}{\partial V_m^2} \right)_{T_{cr}} = 2 \frac{RT_{cr}}{(V_m-b)^3} - 6 \frac{a}{T_{cr} V_m^4} = 0 \Rightarrow \frac{RT_{cr}}{(V_m-b)^3} = 3 \frac{a}{T_{cr} V_m^4} \tag{6-2}$$

$$\Rightarrow \frac{RT_{cr}}{(V_m-b)^2} = 3 \frac{a(V_m-b)}{T_{cr} V_m^4} = 2 \frac{a}{T_{cr} V_m^3} \Rightarrow V_m = 3b \tag{6-3}$$

代入式（6-1）

$$\Rightarrow \frac{RT_{cr}}{4b^2} = 2 \frac{a}{T_{cr} 9b^3} \Rightarrow a = \frac{9bRT_{cr}^2}{8} \tag{6-4}$$

将式（6-3）代入状态方程，得

$$p_{cr} = \frac{RT_{cr}}{2b} - \frac{a}{T_{cr} 9b^2} \tag{6-5}$$

将式（6-4）代入式（6-5），得

$$p_{cr} = \frac{RT_{cr}}{2b} - \frac{1}{T_{cr} 9b^2} \frac{9bRT_{cr}^2}{8} \Rightarrow b = \frac{3RT_{cr}}{8p_{cr}}$$

$$\Rightarrow a = \frac{27}{64} \frac{R^2 T_{cr}^3}{p_{cr}}$$

5. 由状态方程可以推得压力的全微分为

$$dp = \frac{2(v-b)}{R_g T} dv - \frac{(v-b)^2}{R_g T^2} dT$$

式中，b 为常数。试确定状态方程的表达式。

【解】　由上式可得

$$\left(\frac{\partial p}{\partial v} \right)_T = \frac{2(v-b)}{R_g T} \Rightarrow p = \frac{(v-b)^2}{R_g T} + C_1(T)$$

$$\left(\frac{\partial p}{\partial T} \right)_v = -\frac{(v-b)^2}{R_g T^2} \Rightarrow p = \frac{(v-b)^2}{R_g T} + C_2(v)$$

由于以上两式是同一方程，必然有 $C_1(T) = C_2(v) = 0$，即

$$p = \frac{(v-b)^2}{R_g T}$$

6. 在一个大气压下，水的密度在约 4℃ 时达到最大值，为此，在该压力下，可以方便地得到哪个温度点的 $(\partial s/\partial p)_T$ 的值？是 3℃、4℃ 还是 5℃？

【解】 由麦克斯韦关系式 $\left(\dfrac{\partial s}{\partial p}\right)_T = -\left(\dfrac{\partial v}{\partial T}\right)_p$，可知

在一个大气压的等压条件下，4℃ 时有 $\left(\dfrac{\partial v}{\partial T}\right)_p = 0$。

7. 证明理想气体的体膨胀系数为 $\alpha = 1/T$。

【证明】 理想气体：$v = \dfrac{R_g T}{p}$，则 $\left(\dfrac{\partial v}{\partial T}\right)_p = \dfrac{R_g}{p}$，故有

$$\alpha = \frac{1}{v}\left(\frac{\partial v}{\partial T}\right)_p = \frac{1}{v}\frac{R_g}{p} = \frac{R_g}{R_g T} = \frac{1}{T}$$

8. 试证明在 h-s 图上等温线的斜率为 $(\partial h/\partial s)_T = T - 1/\alpha$。

【证明】 由 $\mathrm{d}h = T\mathrm{d}s + v\mathrm{d}p$

有

$$\left(\frac{\partial h}{\partial s}\right)_T = T + v\left(\frac{\partial p}{\partial s}\right)_T$$

由麦克斯韦关系式 $\left(\dfrac{\partial s}{\partial p}\right)_T = -\left(\dfrac{\partial v}{\partial T}\right)_p$，得 $\left(\dfrac{\partial p}{\partial s}\right)_T = -\left[\left(\dfrac{\partial v}{\partial T}\right)_p\right]^{-1}$

可得

$$\left(\frac{\partial h}{\partial s}\right)_T = T - \frac{1}{\frac{1}{v}\left(\frac{\partial v}{\partial T}\right)_p} = T - \frac{1}{\alpha}$$

9. 对于服从状态方程 $p(v-b) = R_g T$ 的气体，试证明：

1) $\mathrm{d}u = c_V \mathrm{d}T$。

2) $\mathrm{d}h = c_p \mathrm{d}T + b\mathrm{d}p$。

3) $c_p - c_V = $ 常数。

【证明】 1) $\mathrm{d}u = c_V \mathrm{d}T + \left[T\left(\dfrac{\partial p}{\partial T}\right)_v - p\right]\mathrm{d}v$ ［主教材式（6-27）］，其中，$\left(\dfrac{\partial p}{\partial T}\right)_v = \dfrac{R}{v-b}$，则

$T\left(\dfrac{\partial p}{\partial T}\right)_v - p = 0$，因此，$\mathrm{d}u = c_V \mathrm{d}T$。

2) $\mathrm{d}h = c_p \mathrm{d}T + \left[v - T\left(\dfrac{\partial v}{\partial T}\right)_p\right]\mathrm{d}p$，其中，$T\left(\dfrac{\partial v}{\partial T}\right)_p = \dfrac{RT}{p} = v - b$，$v - T\left(\dfrac{\partial v}{\partial T}\right)_p = b$，所以，$\mathrm{d}h = c_p \mathrm{d}T + b\mathrm{d}p$。

3) 由式 $c_p - c_V = T\left(\dfrac{\partial p}{\partial T}\right)_v\left(\dfrac{\partial v}{\partial T}\right)_p$ ［主教材式（6-35）］，按状态方程，有

$$\left(\frac{\partial p}{\partial T}\right)_v = \frac{R}{v-b}, \left(\frac{\partial v}{\partial T}\right)_p = \frac{R}{p}, T\left(\frac{\partial p}{\partial T}\right)_v\left(\frac{\partial v}{\partial T}\right)_p = R, \text{即 } c_p - c_V = \text{常数}。$$

4) 可逆绝热过程的过程方程为 $p(v-b)^\kappa = $ 常数。

按第三 $\mathrm{d}s$ 方程，对于可逆绝热过程，有 $\mathrm{d}s = \dfrac{c_V}{T}\left(\dfrac{\partial T}{\partial p}\right)_v \mathrm{d}p + \dfrac{c_p}{T}\left(\dfrac{\partial T}{\partial v}\right)_p \mathrm{d}v = 0$。

其中，按状态方程，有 $\left(\dfrac{\partial T}{\partial p}\right)_v=\dfrac{v-b}{R_g}$，$\left(\dfrac{\partial T}{\partial v}\right)_p=\dfrac{p}{R_g}$，上式成为

$$ds=c_V\frac{dp}{p}+c_p\frac{dv}{v-b}=0\Rightarrow\frac{dp}{p}+\kappa\frac{dv}{v-b}=0$$

积分得 $\ln p+\kappa\ln(v-b)=$ 常数，即 $p(v-b)^\kappa=$ 常数。

10. 对于服从范德瓦尔方程的气体，证明：

1）$du=c_V dT+\dfrac{a}{v^2}dv$。

2）$c_p-c_V=\dfrac{R_g}{1-\dfrac{2a(v-b)^2}{R_g Tv^3}}$。

3）等温过程的焓差为 $\Delta h_T=(h_2-h_1)_T=p_2v_2-p_1v_1+a\left(\dfrac{1}{v_1}-\dfrac{1}{v_2}\right)$。

4）等温过程的熵差为 $\Delta s_T=(s_2-s_1)_T=R_g\ln\dfrac{v_2-b}{v_1-b}$。

【证明】 1）范德瓦尔方程 $p=\dfrac{R_g T}{v-b}-\dfrac{a}{v^2}$。

由 $du=c_V dT+\left[T\left(\dfrac{\partial p}{\partial T}\right)_v-p\right]dv$，$\left(\dfrac{\partial p}{\partial T}\right)_v=\dfrac{R_g}{v-b}$，即

$T\left(\dfrac{\partial p}{\partial T}\right)_v-p=\dfrac{a}{v^2}$，则

$$du=c_V dT+\frac{a}{v^2}dv$$

2）由 $c_p-c_V=T\left(\dfrac{\partial p}{\partial T}\right)_v\left(\dfrac{\partial v}{\partial T}\right)_p$，按范德瓦尔方程，$\left(\dfrac{\partial p}{\partial T}\right)_v=\dfrac{R_g}{v-b}$，$\left(\dfrac{\partial v}{\partial T}\right)_p=\dfrac{R_g}{\left(p+\dfrac{a}{v^2}\right)-\dfrac{2a(v-b)}{v^3}}$，则

$$T\left(\frac{\partial p}{\partial T}\right)_v\left(\frac{\partial v}{\partial T}\right)_p=T\frac{R_g}{v-b}\frac{R_g}{\left(p+\dfrac{a}{v^2}\right)-\dfrac{2a(v-b)}{v^3}}=\frac{R_g}{1-\dfrac{2a(v-b)^2}{R_g Tv^3}}，即$$

$$c_p-c_V=\frac{R_g}{1-\dfrac{2a(v-b)^2}{R_g Tv^3}}$$

3）$dh=Tds+vdp$，ds 方程为 $ds=\left(\dfrac{\partial s}{\partial T}\right)_v dT+\left(\dfrac{\partial s}{\partial v}\right)_T dv$，在等温的条件下，有 $ds=\left(\dfrac{\partial s}{\partial v}\right)_T dv$，

由麦克斯韦关系式得 $\left(\dfrac{\partial s}{\partial v}\right)_T=\left(\dfrac{\partial p}{\partial T}\right)_v$，按范德瓦尔方程，得 $\left(\dfrac{\partial p}{\partial T}\right)_v=\dfrac{R_g}{v-b}$，即

$$dh = \frac{R_g T}{v-b}dv + vdp = \left(p + \frac{a}{v^2}\right)dv + vdp = pdv + vdp + \frac{a}{v^2}dv$$

$$= d(pv) + \frac{a}{v^2}dv$$

所以，有等温过程的焓差为

$$\Delta h_T = (h_2 - h_1)_T = p_2 v_2 - p_1 v_1 + a\left(\frac{1}{v_1} - \frac{1}{v_2}\right)$$

4）由上题可知等温过程的微熵为

$$ds = \left(\frac{\partial s}{\partial v}\right)_T dv = \left(\frac{\partial p}{\partial T}\right)_v dv = \frac{R_g}{v-b}dv,\ \text{所以，等温过程的熵差为}\ \Delta s_T = (s_2 - s_1)_T = R_g \ln\frac{v_2 - b}{v_1 - b}$$

11. 某一气体的体膨胀系数和等温压缩率分别为

$$\alpha = \frac{1}{v}\left(\frac{\partial v}{\partial T}\right)_p = \frac{nR}{pV},\ \kappa_T = -\frac{1}{v}\left(\frac{\partial v}{\partial p}\right)_T = \frac{1}{p} + \frac{a}{V}$$

式中，a 为常数；n 为物质的量（kmol）；R 为通用气体常数；V 为气体的体积。试求此气体的状态方程。

【解】 分析等温压缩率可以发现，κ_T 是状态参数的函数，是强度量，因此，其中 $\frac{a}{V}$ 不应和物质的数量有关，只能有 $a = 0$。

$$\alpha = \frac{1}{v}\left(\frac{\partial v}{\partial T}\right)_p = \frac{nR}{pV} \Rightarrow \frac{1}{v}\left(\frac{\partial v}{\partial T}\right)_p = \frac{R_g}{pv} \Rightarrow \left(\frac{\partial v}{\partial T}\right)_p = \frac{R_g}{p} \Rightarrow v = \frac{R_g T}{p} + C_1(p)$$

$$\kappa_T = -\frac{1}{v}\left(\frac{\partial v}{\partial p}\right)_T = \frac{1}{p} + \frac{a}{V} \Rightarrow \left(\frac{\partial v}{\partial p}\right)_T = -\frac{v}{p} \Rightarrow pv = C_2(T)$$

比较上述两式，可得

$$pv = R_g T$$

12. 某气体的体膨胀系数和相对压力系数分别为

$$\alpha = \frac{1}{v}\left(\frac{\partial v}{\partial T}\right)_p = \frac{nR}{pV},\ \alpha_p = \frac{1}{p}\left(\frac{\partial p}{\partial T}\right)_v = \frac{1}{T}$$

式中，R 为通用气体常数。试求此气体的状态方程。

【解】 $\alpha = \frac{1}{v}\left(\frac{\partial v}{\partial T}\right)_p = \frac{nR}{pV} = \frac{R_g}{pv} \Rightarrow \left(\frac{\partial v}{\partial T}\right)_p = \frac{R_g}{p} \Rightarrow v = \frac{R_g T}{p} + C_1(p)$

$\alpha_p = \frac{1}{p}\left(\frac{\partial p}{\partial T}\right)_v = \frac{1}{T} \Rightarrow \left(\frac{\partial p}{\partial T}\right)_v = \frac{p}{T} \Rightarrow \left(\frac{dp}{p} = \frac{dT}{T}\right)_v \Rightarrow \ln p = \ln T + C_2(v)$

$\Rightarrow p = C_3(v)T$，比较所得两式，可得

$$pv = R_g T$$

第7章

水 蒸 气

7.1 本章知识要点

1. 水的相变及概念

相是指系统内物理和化学性质完全相同的均匀体。

三相点是固、液、气三态共存的状态点。每种纯物质的三相点的压力和温度都是唯一确定的。水的三相点参数为 $t_{tr} = 0.01℃$，$p_{tr} = 611.659\text{Pa}$。

由液态转变为蒸汽的过程称为汽化。根据汽化剧烈程度可分为蒸发和沸腾。在水表面进行的汽化过程称为蒸发；在水表面和内部同时进行的强烈的汽化过程称为沸腾。

汽化和凝结处于动态平衡时，空间中水蒸气的分子数目不再增加，这种动态平衡的状态称为饱和状态。在这一状态下的温度和压力称为饱和温度和饱和压力，分别用 t_s、p_s 表示。t_s 和 p_s 是一一对应的，不是相互独立的状态参数。

处于饱和状态下的液态水称为饱和水，处于饱和状态下的气态蒸汽称为干饱和蒸汽，简称饱和蒸汽。

过热蒸汽是指蒸汽的温度超过其压力对应的饱和温度 t_s 的蒸汽。过热蒸汽的温度超过其压力对应的饱和温度 t_s 的部分称为过热蒸汽的过热度。

湿饱和蒸汽是指混有饱和水的饱和蒸汽，简称湿蒸汽。

未饱和水是指达到沸腾之前的水，未饱和水的温度低于其压力对应的饱和温度 t_s 的部分称为未饱和水的过冷度。

2. 水的等压汽化过程

水的等压加热汽化过程可以在 $p\text{-}v$ 图和 $T\text{-}s$ 图上表示，如图 7-1 所示。图中 a 点相应于 0℃水的状态；b 点相应于饱和水的状态；c 点相应于某种比例的汽水混和湿饱和蒸汽状态；d 点相应于干饱和蒸汽的状态；e 点是过热蒸汽的状态。

3. 水蒸气的 $p\text{-}v$ 图与 $T\text{-}s$ 图

如果将不同压力下蒸汽的形成过程表示在 $p\text{-}v$ 图和 $T\text{-}s$ 图上，并将不同压力下对应的饱和水点和干饱和蒸汽点连接起来，就得到了图 7-2 中的 $b_1 b_2 b_3 \cdots$ 和 $d_1 d_2 d_3 \cdots$ 线，分别称为饱

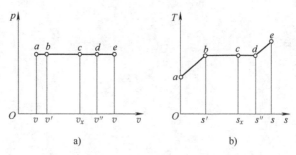

a)   b)

图 7-1 水的等压加热汽化过程在 $p\text{-}v$ 图和 $T\text{-}s$ 图上的表示

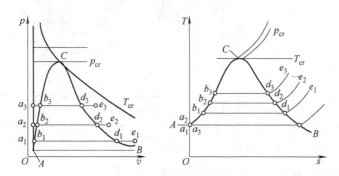

图 7-2 水蒸气的 $p\text{-}v$ 图与 $T\text{-}s$ 图

和水线（或下界线）和干饱和蒸汽线（或上界线）。

★综合 $p\text{-}v$ 图与 $T\text{-}s$ 图，可以得到"一点、两线、三区、五态"。

一点：临界点。

两线：饱和水线和饱和蒸汽线。

三区：未饱和水区、湿蒸汽区、过热蒸汽区。

五态：未饱和水、饱和水、湿饱和蒸汽、干饱和蒸汽、过热蒸汽。

4. 水的临界状态

当压力增加到某一临界值时，饱和水与干饱和蒸汽之间的差异已完全消失，即饱和水和干饱和蒸汽有相同的状态参数，这个点称为临界点。这样一种特殊的状态叫作临界状态。

水的临界参数为 $p_{cr} = 22.064\text{MPa}$，$t_{cr} = 373.99℃$，$v_{cr} = 0.003106\text{m}^3/\text{kg}$，$h_{cr} = 2085.9\text{kJ/kg}$，$s_{cr} = 4.4092\text{kJ/(kg·k)}$。

5. 水蒸气的状态参数零点的规定

为了方便国际交流，根据国际水蒸气会议的规定，世界各国统一选定水的三相点中液相水的热力学能和熵为零，即对于 $t_0 = t_{tr} = 0.01℃$，$p_0 = p_{tr} = 611.659\text{Pa}$ 的饱和水，有

$$u_0' = 0\text{kJ/kg} \quad s_0' = 0\text{kJ/(kg·K)} \quad h_0' \approx 0\text{kJ/kg}$$

6. 水蒸气表

水蒸气表分为"饱和水和干饱和蒸汽的热力性质表"和"未饱和水和过热蒸汽的热力性质表"两种。为了使用方便，"饱和水和干饱和蒸汽的热力性质表"又分为以温度为序排列和以压力为序排列两种，见主教材附录 A.7 和附录 A.8。在这些表中，上标"′"表示饱

和水的参数，上标""""表示饱和蒸汽的参数。

7. ★汽化热

将 1kg 饱和水等压加热到干饱和蒸汽所需的热量称为汽化热，用 r 表示。汽化热 r 不是定值，而是随 p_s（或 t_s）而改变的，p_s 增加，汽化热减少，当 p_s 增加到临界压力时，$r=0$。

$$r \equiv h'' - h' \tag{7-1}$$

也不难得出

$$s'' = s' + \frac{r}{T_s} \tag{7-2}$$

式中，T_s 为饱和压力 p_s 对应的饱和温度（K）。

8. ★湿饱和蒸汽的干度、湿饱和蒸汽的参数

湿饱和蒸汽中干饱和蒸汽的质量分数称为湿饱和蒸汽的干度。干度 x 可以理解为 1kg 湿饱和蒸汽中含有 $x$kg 干饱和蒸汽，$(1-x)$kg 饱和水。相应地，用 "x" 做下标来表示湿饱和蒸汽的状态参数。因此，有

$$v_x = (1-x)v' + xv''$$
$$h_x = (1-x)h' + xh''$$
$$s_x = (1-x)s' + xs''$$
$$u_x = (1-x)u' + xu''$$

或者

$$u_x = h_x - p_s v_x$$

9. ★未饱和水及饱和水比焓值的粗略计算

在温度不太高时，未饱和水和饱和水的比焓值可由下式计算：

$$h \approx 4.1868t \qquad h' \approx 4.1868t_s$$

以上两式中 t 和 t_s 的单位都是℃，计算出比焓值的单位是 kJ/kg。

10. 未饱和水及饱和水比熵值的粗略计算

未饱和水比熵值：

$$s = 4.1868\ln\frac{T}{273.16}$$

饱和水比熵值：

$$s' = 4.1868\ln\frac{T_s}{273.16}$$

注意：以上两式中，T 和 T_s 的单位都是 K；比熵值单位为 kJ/(kg·K)。

11. 水蒸气的焓熵图

由于在热工计算中常常遇到绝热过程和焓差的计算，所以最常见的蒸汽图是以比焓 h 为纵坐标，比熵 s 为横坐标的所谓 "焓熵图（h-s 图）"。

在 h-s 图上，汽化热、绝热膨胀技术功等都可以用线段表示，虽然不够精确，但简化了计算工作，这使得 h-s 图具有很大的实用价值，成为工程上广泛使用的一种重要工具。

$x=1$ 的干饱和蒸汽线将 h-s 图分成两个区域，其上为过热蒸汽区，其下为湿蒸汽区。在湿蒸汽区等压线和等温线重合，为一斜率不变的直线。进入过热区后，等压线的斜率要逐渐增加，等温线的斜率随温度的升高及压力的降低逐渐趋于零。

7.2　习题解答

7.2.1　简答题

1. 压力升高后，饱和水的比体积 v' 和干饱和蒸汽的比体积 v'' 将如何变化？

【答】　随着压力提高，饱和水的比体积 v' 将逐渐增加，干饱和蒸汽的比体积 v'' 将逐渐减小。当压力提高到临界压力时，饱和水的比体积 v' 和干饱和蒸汽的比体积 v'' 相同。

2. 有没有 400℃ 的水？为什么？

【答】　没有 400℃ 的液态水。水的临界温度为 373.99℃，当温度超过临界温度时，无论压力多高，都不可能使水蒸气液化。

3. 不经过冷凝，如何使水蒸气液化？

【答】　对水蒸气加压，也可以使水蒸气液化，前提条件是其温度低于临界温度。

4. $dh = c_p dT$，在水蒸气的等压汽化过程中，$dT = 0$，因此，比焓的变化量 $dh = c_p dT = 0$，这一推论正确吗？为什么？

【答】　不正确。水的等压汽化是相变过程，其温度不变，此过程的 c_p 为无穷大。

5. 知道了湿饱和水蒸气的温度和压力就可以确定水蒸气所处的状态吗？

【答】　确定简单可压缩系统工质的状态需要两个独立的参数，湿饱和水蒸气的温度和压力存在一一对应的关系，不是独立的，所以，仅仅知道了湿饱和水蒸气的温度和压力并不能确定水蒸气所处的状态。

6. 水的汽化热随压力如何变化？干饱和蒸汽的比焓随压力如何变化？

【答】　水的汽化热随压力提高而减小，当压力等于临界压力时，汽化热等于零。干饱和蒸汽的比焓随压力提高先增加后降低，在压力为 3MPa 左右时，干饱和蒸汽的比焓最大。

7. 过热水蒸气经绝热节流后，其比焓、比熵、温度如何变化？

【答】　由水蒸气的 $h\text{-}s$ 图可知，绝热节流后，过热水蒸气的比焓不变，比熵增加，温度降低。

8. 一个装有透明观察孔的刚性气瓶，内储有压力为 p，温度为 130℃ 的过热水蒸气。如果不用压力表，只用温度计，试问用什么方法可以确定水蒸气压力 p 的大小？

【答】　对刚性气瓶缓慢放热降低温度，这是一个等容过程，通过透明观察孔看到刚有液滴出现时记录其温度 t_2，这时水蒸气可以近似看作是干饱和状态。在 $h\text{-}s$ 图找到 t_2 和 $x = 1$ 的交点，从该点作等容线和 $t_1 = 130℃$ 的等温线找交点，该点处的压力就是刚性气瓶内水蒸气原有的压力。

9. 如图 7-3 所示，细绳上挂一重物，可以观测：细绳穿冰而过，冰块却复原如初，这称为复冰现象。试用水的 $p\text{-}t$ 图解释这个现象。

【答】　由水的 $p\text{-}t$ 图可知，冰的熔点并不是一个定值，随着压力升高，冰的熔点将降低。挂着重物的细线下面压力高，使冰的熔点低于冰的温度，有部分冰融化成水，细线将向下移动一点，这部分水压力又恢复常态，又会重新结成冰。如此经

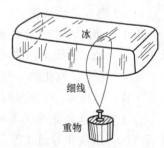

图 7-3　复冰现象

过一段时间后，细线将穿冰而过，冰块却完好无损，这就是所谓的复冰现象。当然，这种现象在温度较低时是很难观察到的，因为这需要非常高的压力。

10. 请通过互联网查找哪些情况会导致电站锅炉产生"虚假水位"？虚假水位会带来什么后果？

【答】 略。

7.2.2 填空题

1. 对水进行等压加热，会经历_____、_____、_____、_____和_____五种状态。

2. 随着压力增加，饱和水的比体积 v' 将_____，干饱和蒸汽的比体积 v'' 将_____。

3. 随着压力增加，饱和水的比熵 s' 将_____，干饱和蒸汽的比熵 s'' 将_____。

4. 随着压力增加，水的汽化热将_____，当压力提高到 $p = p_{cr} = 22.064\text{MPa}$ 时，汽化热 $r=$_____。

5. 30MPa、400℃的水工质相态是_____，对于处于 (t, p) 的过热水蒸气，有 p _____ $p_s(t)$。

6. 温度为300℃、压力为10MPa的过热蒸汽绝热节流后，压力变为1MPa，则温度变为_____℃，熵增加_____ kJ/(kg·K)（利用 $h\text{-}s$ 图）。

7. 某工质在饱和温度为200℃时饱和液体的比熵为 0.45kJ/(kg·K)，干饱和蒸汽的比熵为 5.76 kJ/(kg·K)，则工质在该温度下汽化热为_____ kJ/kg。

答案：1. 未饱和水、饱和水、湿饱和蒸汽、干饱和蒸汽、过热蒸汽；2. 增加，减小；3. 增大，减小；4. 减小，0；5. 过热蒸汽，<；6. 243，0.69，7.2512.43。

7.2.3 判断题

1. 知道湿饱和蒸汽的温度和压力可以确定其状态。（   ）

2. 知道过热蒸汽的温度和压力可以确定其状态。（   ）

3. 知道湿饱和蒸汽的温度和干度可以确定其状态。（   ）

4. 知道湿饱和蒸汽的压力和比焓可以确定其状态。（   ）

5. 随着压力增加，饱和水的焓增加，干饱和蒸汽的焓减少。（   ）

6. 随着压力增加，水的汽化热减小。（   ）

7. 水蒸气 $h\text{-}s$ 图上湿蒸汽区的等压线为一条直线。（   ）

8. 水蒸气不可逆绝热膨胀熵增加，水蒸气不可逆绝热压缩熵减少。（   ）

答案：1. ×；2. √；3. √；4. √；5. ×；6. √；7. √；8. ×。

7.2.4 计算题

1. 利用水蒸气表或 $h\text{-}s$ 图，填充表 7-1 中的空白栏。

表 7-1　计算题 1 表

序号	p/MPa	t/℃	h/(kJ/kg)	s/[kJ/(kg·K)]	x	过热度/℃
1	5	500				
2	1		3500			
3		400		7.5		
4	0.05				0.88	
5		300				100
6			3000	8.0		

【解】　略。

2. 某工质在饱和温度为 200℃ 时汽化热为 1600kJ/kg，在该温度下饱和液体的比熵为 0.45kJ/(kg·K)，那么，5kg 干度为 0.8 的上述工质的熵是多少？

【解】　工质的热力学饱和温度为

$$T_s = (200+273.15)\text{K} = 473.15\text{K}$$

干饱和蒸汽的比熵为

$$s'' = s' + \frac{\gamma}{T_s} = \left(0.45 + \frac{1600}{473.15}\right)\text{kJ/(kg·K)} = 3.832\text{kJ/(kg·K)}$$

湿饱和蒸汽的比熵为

$$s_x = (1-x)s' + xs'' = (0.2×0.45 + 0.8×3.832)\text{kJ/(kg·K)} = 3.156\text{kJ/(kg·K)}$$

5kg 工质的熵为　　　　$S = ms_x = 5×3.156\text{kJ/K} = 15.78\text{kJ/K}$

3. 0.1kg 压力为 0.3MPa、干度为 0.76 的水蒸气盛于一绝热刚性容器中，一搅拌轮置于容器中，由外面的电动机带动旋转，直到水全部变为饱和蒸汽。求：

1）水蒸气的最终压力和温度。

2）完成此过程所需要的功。

【解】　1）搅拌轮将功转变成热量，问题可以看作是等容加热汽化过程。查水蒸气性质表，$p_1 = 0.3$MPa 时，$v' = 0.0010732\text{m}^3/\text{kg}$，$v'' = 0.60587\text{m}^3/\text{kg}$，$h' = 561.58\text{kJ/kg}$，$h'' = 2725.26\text{kJ/kg}$。

因此　$v_1 = v_x = (0.76×0.60587 + 0.24×0.0010732)\text{m}^3/\text{kg} = 0.4607\text{m}^3/\text{kg}$

$h_1 = h_x = (0.76×2725.26 + 0.24×561.58)\text{kJ/kg} = 2205.98\text{kJ/kg}$

$u_1 = h_1 - p_1 v_1 = (2205.98 - 0.3×10^6×0.4607×10^{-3})\text{kJ/kg} = 2067.77\text{kJ/kg}$

当 $p_1 = 0.40$MPa 时，$v'' = 0.46246\text{m}^3/\text{kg}$；$p_1 = 0.41$MPa 时，$v'' = 0.45184\text{m}^3/\text{kg}$。采用内插法得水蒸气的最终压力为 $p_2 = 0.40166$MPa，最终温度为 $t_2 = t_s = 143.79$℃。

最终比焓值为

$$h_2 = h'' = 2738.68\text{kJ/kg}$$

最终比热力学能值为

$$u_2 = h_2 - p_2 v_2 = (2738.68 - 0.40166×10^6×0.4607×10^{-3})\text{kJ/kg} = 2553.64\text{kJ/kg}$$

2）根据能量守恒方程，膨胀功为零，搅拌轮输入的功转变为水热力学能的变化有

$$W = Q = \Delta U = m\Delta u = 0.1×(2553.64 - 2067.77)\text{kJ} = 48.587\text{kJ}$$

注：此题也可以用 h-s 图计算，请读者自己尝试。

4. 100kg、150℃ 的水蒸气，其中含饱和水 20kg。求蒸汽的体积、压力和焓。

1）利用水蒸气表计算。

2）利用 h-s 图计算。

【解】 容易得出蒸汽干度 $x = 0.8$。

1）$t = 150℃$，查水蒸气热力性质表得其对应的饱和参数为

$p_s = 0.47571\text{MPa}$，$v' = 0.00109157\text{m}^3/\text{kg}$，$v'' = 0.39286$ m^3/kg，$h' = 632.28\text{kJ/kg}$ ，$h'' = 2746.35\text{kJ/kg}$

$v_x = (0.8 \times 0.39286 + 0.2 \times 0.00109157)\text{m}^3/\text{kg} = 0.3145\text{m}^3/\text{kg}$

$h_x = (0.8 \times 2746.35 + 0.2 \times 632.28)\text{kJ/kg} = 2323.54\text{kJ/kg}$

蒸汽体积为

$$V = mv_x = 100 \times 0.3145\text{m}^3 = 31.45\text{m}^3$$

蒸汽焓为

$$H = mh_x = 100 \times 2323.54\text{kJ} = 232354\text{kJ}$$

2）在 h-s 图找到 $t = 150℃$ 的等温线和 $x = 1$ 线的交点，读得 $t = 150℃$ 对应的饱和压力为 $p_s = 0.48\text{MPa}$，这也是湿饱和水蒸气的压力。在 $x = 1$ 线以下的湿饱和蒸汽区内，等温线和等压线是重合的，这条等压线上的温度都是 $150℃$，找到这条等压线和 $x = 0.8$ 线的交点，读得

$$v_x = 0.32\text{m}^3/\text{kg}, \quad h_x = 2323\text{kJ/kg}$$

蒸汽体积为

$$V = mv_x = 100 \times 0.32\text{m}^3 = 32\text{m}^3$$

蒸汽焓为

$$H = mh_x = 100 \times 2323\text{kJ} = 232300\text{kJ}$$

5. 测得一容积为 5m^3 的容器中湿蒸汽的质量为 35kg，蒸汽的压力 $p = 1.2\text{MPa}$，求蒸汽的干度。

【解】 蒸汽的比体积为

$$v_x = \frac{V}{m} = \frac{5}{35}\text{m}^3/\text{kg} = 0.1429\text{m}^3/\text{kg}$$

查水蒸气热力性质表得 $p = 1.2\text{MPa}$ 对应的 $v' = 0.0011385\text{m}^3/\text{kg}$，$v'' = 0.16326\text{m}^3/\text{kg}$。

由 $v_x = v' + x(v'' - v')$ 解得蒸汽的干度

$$x = \frac{v_x - v'}{v'' - v'} = \frac{0.1429 - 0.0011385}{0.16326 - 0.0011385} = 0.874$$

6. $260℃$ 的饱和液态水被节流到 0.1MPa，如果节流之后是湿饱和状态，试计算湿饱和蒸汽的干度，如果是过热状态，则计算其最终温度，节流之后水的比熵增加了多少？如果质量流量为 3kg/s，且要求节流之后流速不能超过 5m/s，那么，节流之后流过蒸汽的管道的直径至少是多少？

【解】 绝热节流过程前后比焓相等，压力降低，比熵增加。

节流前为饱和水状态，由 $t_1 = 260℃$ 查得 $h_1 = h' = 1134.3\text{kJ/kg}$，$s' = 2.8837\text{kJ/(kg·K)}$。

由 $p_2 = 0.1\text{MPa}$ 查得 $h' = 417.52\text{kJ/kg}$，$h'' = 2675.14\text{kJ/kg}$，$s' = 1.3028$ kJ/(kg·K)，$s'' = 7.3589\text{kJ/(kg·K)}$，$v' = 0.0010432\text{m}^3/\text{kg}$，$v'' = 1.6943\text{m}^3/\text{kg}$。

由于节流后 $h_2 = h_1 < h''$，所以，节流后为湿饱和状态。

由 $h_x = (1 - x)h' + xh''$ 解得湿饱和蒸汽的干度

$$x = \frac{h_x - h'}{h'' - h'} = \frac{1134.3 - 417.52}{2675.14 - 417.52} = 0.3175$$

则湿饱和蒸汽的比熵为

$$s_x = [0.3175 \times 7.3589 + (1 - 0.3175) \times 1.3028] \text{kJ/(kg·K)} = 3.2256 \text{kJ/(kg·K)}$$

节流产生的熵增为

$$\Delta s = s_x - s_1' = (3.2256 - 2.8837) \text{kJ/(kg·K)} = 0.3419 \text{kJ/(kg·K)}$$

湿饱和蒸汽的比体积为

$$v_x = [0.3175 \times 1.6943 + (1 - 0.3175) \times 0.0010432] \text{m}^3/\text{kg} = 0.5387 \text{m}^3/\text{kg}$$

由质量流量的计算公式 $q_m = \frac{Ac}{v}$，得蒸汽管道的截面面积为

$$A = \frac{q_m v}{c} = \frac{3 \times 0.5387}{5} \text{m}^2 = 0.3232 \text{m}^2$$

由截面面积的计算公式 $A = \frac{\pi}{4} d^2$，得管道内直径至少为

$$d = \sqrt{\frac{4A}{\pi}} = \sqrt{\frac{4 \times 0.3232}{3.14}} \text{m} = 0.64 \text{m}$$

7. 一开水供应站使用 0.1MPa、干度 $x = 0.98$ 的湿饱和蒸汽，和压力相同、温度为 15℃ 的水相混合来生产开水。今欲取得 2t 的开水，试问需要提供多少湿蒸汽和水？

【解】 由 $p_2 = 0.1$MPa 查水蒸气热力性质表得 $h' = 417.52$kJ/kg，$h'' = 2675.14$kJ/kg。

湿饱和蒸汽的焓为

$$h_x = (0.98 \times 2675.14 + 0.02 \times 417.52) \text{kJ/kg} = 2629.99 \text{kJ/kg}$$

温度为 15℃ 的水的比焓为

$$h_w = 4.1868 \times 15 \text{kJ/kg} = 62.8 \text{kJ/kg}$$

设需要 x t 湿蒸汽、y t 水，不考虑散热损失，有以下质量守恒方程和能量守恒方程：

$$\begin{cases} x + y = 2 \\ 2629.99x + 62.8y = 2 \times 417.52 \end{cases}$$

解得 $x = 0.276$（t），$y = 1.724$（t）。

即需要提供 0.276t 湿蒸汽和 1.724t 水。

8. 有 0.1kg 的水蒸气由活塞封闭在汽缸中。蒸汽的初态为 $p_1 = 1$MPa，干度 $x = 0.9$，可逆等温膨胀至 $p_2 = 0.1$MPa，求蒸汽吸收的热量和对外做出的功。

【解】 利用 h-s 图解答。

在 h-s 图上 $p_1 = 1$MPa，干度 $x = 0.9$，查得 $h_1 = 2578$kJ/kg，$s_1 = 6.12$kJ/(kg·K)，$v_1 = 0.17$m^3/kg，则

$$u_1 = h_1 - p_1 v_1 = (2578 - 10^6 \times 0.17 \times 10^{-3}) \text{kJ/kg} = 2408 \text{kJ/kg}$$

找到 $p_1 = 1$MPa 和 $x = 1$ 线的交点 1，读得 $p_1 = 1$MPa 对应的饱和温度约为 $t_s = 180$℃，再找到 $t = 180$℃ 和 $p_2 = 0.1$MPa 的交点 2，这一点为等温膨胀的终点，读得 $h_2 = 2838$kJ/kg，$s_2 = 7.74$kJ/(kg·K)，$v_2 = 2.08$m^3/kg。

$$u_2 = h_2 - p_2 v_2 = (2838 - 10^5 \times 2.08 \times 10^{-3}) \text{kJ/kg} = 2630 \text{kJ/kg}$$

等温膨胀过程的吸热量为

$$q = T\Delta s = (273.15+180) \times (7.74-6.12)\text{kJ/kg} = 734.1\text{kJ/kg}$$

由 $q = \Delta u + w$ 得膨胀功

$$w = q - \Delta u = [734.1-(2630-2408)]\text{kJ/kg} = 512.1\text{kJ/kg}$$

对于 0.1kg 水蒸气，有

$$Q = mq = 0.1 \times 734.1\text{kJ} = 73.41\text{kJ}$$

$$W = mw = 0.1 \times 512.1\text{kJ} = 51.21\text{kJ}$$

本题也可以利用水蒸气热力性质表来计算，请读者自己完成。

9. 锅炉每小时产生 20t 压力为 5MPa、温度为 480℃ 的蒸汽，进入锅炉的水压力为 5MPa，温度为 30℃。若锅炉效率为 0.8，煤的发热量为 23400kJ/kg，试计算此锅炉每小时需要烧多少吨煤？

提示：水在锅炉内的加热过程为等压过程，加入的热量等于其焓值的增加，这些热量都是煤燃烧提供的，可以列出热平衡方程。

答案：每小时烧煤 3.48t。

10. 水蒸气进入汽轮机时，$p_1 = 10\text{MPa}$，$t_1 = 450℃$；排出汽轮机时，$p_2 = 8\text{kPa}$。假设蒸汽在汽轮机内的膨胀是可逆绝热的，且忽略入口和出口的动能差，汽轮机输出功率为 100MW，求水蒸气的流量。

【解】 蒸汽在汽轮机内可逆绝热膨胀，熵不变，在不考虑动能和势能变化时，蒸汽做功量等于蒸汽的焓降。

解法一：利用 h-s 图解答。

由 $p_1 = 10\text{MPa}$、$t_1 = 450℃$，在 h-s 图查得汽轮机入口蒸汽比焓 $h_1 = 3243\text{kJ/kg}$。从这一点往下作一条垂直线，和 $p_2 = 8\text{kPa}$ 的等压线相交，读得汽轮机出口蒸汽比焓 $h_2 = 2007\text{kJ/kg}$。

蒸汽在汽轮机内做功量为

$$w_T = h_1 - h_2 = (3243-2007)\text{kJ/kg} = 1236\text{kJ/kg}$$

水蒸气的流量为

$$q_m = \frac{10^5}{1236}\text{kg/s} = 80.91\text{kg/s}$$

解法二：利用水蒸气热力性质表解答。

由 $p_1 = 10\text{MPa}$、$t_1 = 450℃$，查过热水蒸气热力性质表，汽轮机入口蒸汽比焓 $h_1 = 3240.5\text{kJ/kg}$，比熵 $s_1 = 6.4184\text{kJ/(kg·K)}$。

由 $p_2 = 8\text{kPa} = 0.008\text{MPa}$，查饱和水蒸气热力性质表，得 $h' = 173.81\text{kJ/kg}$，$h'' = 2576.06\text{kJ/kg}$，$s' = 0.5924\text{kJ/(kg·K)}$，$s'' = 8.2266\text{kJ/(kg·K)}$。

设汽轮机出口处乏汽的干度为 x_2。

由 $$s_1 = s_2 = x_2 s'' + (1-x_2)s'$$

代入数值得 $$6.4184 = 8.2266x_2 + 0.5924(1-x_2)$$

解得汽轮机出口乏汽干度 $x_2 = 0.7631$。汽轮机出口比焓为

$$h_2 = x_2 h'' + (1-x_2)h' = (0.7631 \times 2576.06 + 0.2369 \times 173.81)\text{kJ/kg} = 2006.97\text{kJ/kg}$$

水蒸气的流量为

$$q_m = \frac{10^5}{3240.5 - 2006.97}\,\text{kg/s} = 81.068\,\text{kg/s}$$

11. 对压力为 $p_1 = 1.5\text{MPa}$、体积为 $V_1 = 0.263\text{m}^3$ 的干饱和水蒸气进行压缩，使 $V_2 = V_1/2$，求：

1) 被压缩的蒸汽量。

2) 等温压缩过程的终态参数 v_2、x_2、h_2、H_2。

3) 如按 $p_1 V_1 = p_2 V_2 =$ 定值计算，将会得到什么结果？并讨论之。

【解】 查水蒸气热力性质表，得 $p_1 = 1.5\text{MPa}$ 对应的饱和水和水蒸气参数为 $v'' = 0.13172\text{m}^3/\text{kg}$，$v' = 0.0011538\text{m}^3/\text{kg}$，$h'' = 2791.46\text{kJ/kg}$，$h' = 844.82\text{kJ/kg}$。

1) 被压缩的蒸汽量为

$$m = V_1/v'' = \frac{0.263}{0.13172}\,\text{kg} \approx 2\,\text{kg}$$

2) 压缩后，$V_2 = \frac{V_1}{2} = 0.1315\text{m}^3$，$v_2 = \frac{V_2}{m} = \frac{0.1315}{2}\text{m}^3/\text{kg} = 0.06575\text{m}^3/\text{kg}$

设压缩后干度 x_2，则由 $v_2 = (1-x_2)v' + x_2 v''$ 解得

$$x_2 = \frac{v_2 - v'}{v'' - v'} = \frac{0.06575 - 0.0011538}{0.13172 - 0.0011538} = 0.495$$

$$h_2 = x_2 h'' + (1-x_2)h' = (0.495 \times 2791.46 + 0.505 \times 844.82)\text{kJ/kg} = 1808.41\text{kJ/kg}$$

$$H_2 = m h_2 = 2 \times 1808.41\text{kJ} = 3616.82\text{kJ}$$

3) 如按 $p_1 V_1 = p_2 V_2$，则 $p_2 = 2p_1 = 3\text{MPa}$，不符合水蒸气相变过程等压等温的性质。说明水蒸气不是理想气体，不能用 $p_1 V_1 = p_2 V_2$ 来计算。

12. 某火电机组的凝汽器如图7-4所示。乏汽压力为 0.006MPa，干度 $x = 0.9$，质量流量为 500t/h，乏汽在凝汽器中等压放热，变为饱和水，热量由循环水带走。设循环水的温升为11℃，水的比热容为 4.1868kJ/(kg·K)，不考虑凝汽器的散热，也不考虑加热器疏水的影响。求循环水的流量。

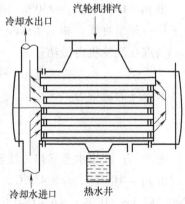

图7-4 计算题12图

【解】 如果不考虑凝汽器的散热，也不考虑加热器疏水以及抽气的影响，乏汽在凝汽器内的放热等于循环冷却水的吸热。

解法一：查水蒸气热力性质表。

由 $p = 0.006\text{MPa}$，查得 $h' = 151.47\text{kJ/kg}$，$h'' = 2566.48\text{kJ/kg}$。

乏汽的比焓为

$$h_x = x h'' + (1-x)h' = (0.9 \times 2566.48 + 0.1 \times 151.47)\text{kJ/kg} = 2324.98\text{kJ/kg}$$

热平衡方程为 $q_{m乏汽}(h_x - h') = c_p q_{m水} \Delta t$，由此可得循环水流量为

$$q_{m水} = \frac{q_{m乏汽}(h_x - h')}{c_p \Delta t} = \frac{500 \times (2324.98 - 151.47)}{4.1868 \times 11}\,\text{t/h} = 23597\,\text{t/h}$$

解法二：利用汽化热计算。

干度为 0.9 的乏汽，其中 90% 质量为干饱和蒸汽，它变成饱和水放出的热量等于该压力对应的汽化热，剩下的 10% 质量是饱和水，在凝结过程中它不放热。

由 $p = 0.006\mathrm{MPa}$，查得汽化热 $r = 2415\mathrm{kJ/kg}$。

热平衡方程为 $0.9q_{m乏汽}r = c_p q_{m水}\Delta t$，由此可得循环水流量为

$$q_{m水} = \frac{0.9q_{m乏汽}r}{c_p\Delta t} = \frac{0.9\times500\times2415}{4.1868\times11}\mathrm{t/h} = 23597\mathrm{t/h}$$

解法三：利用 h-s 图解答。

由 $p = 0.006\mathrm{MPa}$、$x = 0.9$，在 h-s 图查得 $h_x = 2326\mathrm{kJ/kg}$，$p = 0.006\mathrm{MPa}$ 和 $x = 1$ 干饱和蒸汽线相交，读得 $p = 0.006\mathrm{MPa}$ 对应的饱和温度为 $t_s = 36\text{℃}$。

饱和水的比焓为

$$h' = c_p t_s = 4.1868\times36\mathrm{kJ/kg} = 150.72\mathrm{kJ/kg}$$

热平衡方程为 $q_{m乏汽}(h_x - h') = c_p q_{m水}\Delta t$，由此可得循环水流量为

$$q_{m水} = \frac{q_{m乏汽}(h_x - h')}{c_p\Delta t} = \frac{500\times(2326 - 150.72)}{4.1868\times11}\mathrm{t/h} = 23616.2\mathrm{t/h}$$

13. 在 0.1MPa 下将一壶水从 20℃ 烧开需要 20min，如果加热速度不变，问将这壶水烧干还需要多长时间？

【解】 水从 20℃ 到烧开吸收的热是显热，从烧开到烧干吸收的是汽化热，0.1MPa 对应的汽化热为 2257.5kJ/kg。

$$\tau = 20\mathrm{min}\times\frac{r}{c\Delta t} = 20\times\frac{2257.5}{4.1868\times80}\mathrm{min} = 134.8\mathrm{min}$$

可见，水的汽化热是一个比较大的值。

14. 给水在温度 $t_1 = 60\text{℃}$ 和压力 $p_1 = 3.5\mathrm{MPa}$ 下进入锅炉省煤器中被预热，然后再汽化，变成 $t_2 = 350\text{℃}$ 的过热蒸汽。设过程等压进行，试把过程表示在 T-s 图上，并求加热过程中的平均吸热温度。

提示：1）水在锅炉内经历等压吸热过程，吸热量等于焓值的增加。

2）平均吸热温度等于吸热量除以熵的变化量，但是要注意，单位为热力学温度，K。

3）压力 $p_1 = 3.5\mathrm{MPa}$，在水蒸气热力性质表上不能直接查出 s 和 h，需要采用内插法。

结论：平均吸热温度 488.9K。

拓展：用内插法计算工作量较大，可以尝试在微信内使用"水蒸气焓熵图"小程序，计算精度较高。

15. 一加热器的换热量为 9010kJ/h，现送入压力 $p = 0.2\mathrm{MPa}$ 的干饱和蒸汽，蒸汽在加热器内放热后，变为 $t_2 = 50\text{℃}$ 的凝结水排入大气，问此换热器每小时所需蒸汽量。

【解】 蒸汽在加热器内放热时压力保持不变。查水蒸气热力性质表，$p = 0.2\mathrm{MPa}$ 对应的干饱和蒸汽比焓为 $h'' = 2706.5\mathrm{kJ/kg}$，$t_2 = 50\text{℃}$ 时凝结水的比焓为 $h_2 = 209.4\mathrm{kJ/kg}$。

放热量 $Q = m(h'' - h_2)$，故蒸汽流量为

$$q_m = \frac{Q}{h'' - h_2} = \frac{9010}{2706.5 - 209.4}\mathrm{kg/h} = 3.608\mathrm{kg/h}$$

16. 有一余热锅炉每小时可把 200kg、温度 $t_1 = 10\text{℃}$ 的水，变为 $t_2 = 100\text{℃}$ 的干饱和蒸汽。进入锅炉的烟气温度 $t_{g1} = 600\text{℃}$，排烟温度为 $t_{g2} = 200\text{℃}$，若锅炉的效率为 60%，求每小时

通过的烟气流量。已知烟气的比定压热容 $c_p = 1.0467\text{kJ}/(\text{kg} \cdot \text{K})$。

【解】 因为出口为 $t_2 = 100℃$ 的干饱和蒸汽，所以蒸汽的压力为 101kPa。查水蒸气热力性质表可得对应的 $h_1 = 41.868\text{kJ}/\text{kg}$，$h_2 = 2676.71\text{kJ}/\text{kg}$。

热平衡方程为 $q_{m水}(h_2 - h_1) = q_{m烟} c_p(t_{g1} - t_{g2})\eta$，由此可得烟气流量为

$$q_{m烟} = \frac{q_{m水}(h_2 - h_1)}{c_p(t_{g1} - t_{g2}) \times 0.6} = \frac{200 \times (2676.71 - 41.868)}{1.0467 \times (600 - 200) \times 0.6}\text{kg/h} = 2097.74\text{kg/h}$$

17. 在蒸汽锅炉的汽包中储有 $p = 1\text{MPa}$、$x = 0.1$ 的汽水混合物共 12000kg。如果关死汽阀和给水门，炉内燃料每分钟供给汽包 35000kJ 的热量，求汽包内压力升到 5MPa 所需要的时间。

【解】 如果关死汽阀和给水门，则加热过程为等容过程，根据能量守恒定律，加热量等于热力学能的增加。先研究 1kg 工质的加热。

查水蒸气热力性质表得，$p = 1\text{MPa}$ 时，$v' = 0.0011272\text{m}^3/\text{kg}$，$v'' = 0.19438\text{m}^3/\text{kg}$，$h' = 762.84\text{kJ}/\text{kg}$，$h'' = 2777.67\text{kJ}/\text{kg}$。

因此 $v_1 = v_x = (0.1 \times 0.19438 + 0.9 \times 0.0011272)\text{m}^3/\text{kg} = 0.02045\text{m}^3/\text{kg} = v_2$

$h_1 = h_{x1} = (0.1 \times 2777.67 + 0.9 \times 762.84)\text{kJ}/\text{kg} = 964.323\text{kJ}/\text{kg}$

$u_1 = h_{x1} - p_1 v_1 = (964.323 - 1 \times 10^6 \times 0.02045 \times 10^{-3})\text{kJ}/\text{kg} = 943.873\text{kJ}/\text{kg}$

等容加热到 5MPa，查得 $v' = 0.0012862\text{m}^3/\text{kg}$，$v'' = 0.039439\text{m}^3/\text{kg}$，$h' = 1154.2\text{kJ}/\text{kg}$，$h'' = 2793.64\text{kJ}/\text{kg}$。设此时蒸汽的干度为 x_2，则有

$$v_2 = v_{x2} = [0.039439x_2 + (1 - x_2) \times 0.0012862]\text{m}^3/\text{kg} = 0.02045\text{m}^3/\text{kg}$$

解得 $x_2 = 0.5$

$h_2 = h_{x2} = (0.5 \times 2793.64 + 0.5 \times 1154.2)\text{kJ}/\text{kg} = 1973.9\text{kJ}/\text{kg}$

$u_2 = h_{x2} - p_2 v_2 = (1973.9 - 5 \times 10^3 \times 0.02045)\text{kJ}/\text{kg} = 1871.65\text{kJ}/\text{kg}$

因此，加热需要的时间为

$$\tau = \frac{12000 \times (1871.65 - 943.873)}{35000}\text{min} = 318.1\text{min}$$

18. $p_1 = 5\text{MPa}$、$t_1 = 480℃$ 的过热蒸汽经过汽轮机进汽阀时被绝热节流至 $p_2 = 2\text{MPa}$，然后送入汽轮机中，可逆绝热膨胀至乏汽压力为 $p_3 = 5\text{kPa}$。求

1）水蒸气经过绝热节流后的温度和比熵。

2）和不采用绝热节流而直接从 p_1、t_1 可逆绝热膨胀至 p_3 相比，绝热节流后每千克蒸汽少做多少功？

【解】 利用 h-s 图解答。

绝热节流前后焓不变，可逆绝热膨胀熵不变。

1）由 $p_1 = 5\text{MPa}$、$t_1 = 480℃$ 在 h-s 图查 $h_1 = 3388\text{kJ}/\text{kg}$，作一条等焓线和 $p_2 = 2\text{MPa}$ 等压线相交，读得节流后的温度为 $t_2 = 463℃$，比熵为 $s_2 = 7.32\text{kJ}/(\text{kg} \cdot \text{K})$。

2）由 $p_1 = 5\text{MPa}$、$t_1 = 480℃$ 作一条垂直线与 $p_3 = 5\text{kPa}$ 相交，读得 $h_3 = 2108\text{kJ}/\text{kg}$，则每千克蒸汽做功量为

$$w_t = h_1 - h_3 = (3388 - 2108)\text{kJ}/\text{kg} = 1280\text{kJ}/\text{kg}$$

由 $p_2 = 2\text{MPa}$、$s_2 = 7.32\text{kJ}/(\text{kg} \cdot \text{K})$、$t_2 = 463℃$ 作一条垂直线与 $p_3 = 5\text{kPa}$ 相交，读得

$h_3' = 2233kJ/kg$，则节流后蒸汽做功量为

$$w_t' = h_1 - h_3' = (3388 - 2233)kJ/kg = 1155kJ/kg$$

由于节流少做的功为

$$w_t' - w_t = (1280 - 1155)kJ/kg = 125kJ/kg$$

读者也可以用水蒸气热力性质表求解，比较复杂。

读者思考：这是节流产生的做功能力损失吗？

19. 某火力发电厂的凝汽器中乏汽压力为 $0.005MPa$，$x = 0.95$，试求此乏汽的 v_x、h_x、s_x。若此乏汽等压凝结为水，试比较其体积的变化。

【解】 查水蒸气热力性质表，压力为 $0.005MPa$ 时，有 $v' = 0.0010053m^3/kg$，$v'' = 28.191m^3/kg$，$h' = 137.72kJ/kg$，$h'' = 2560.55kJ/kg$，$s' = 0.4761kJ/(kg \cdot K)$，$s'' = 8.393kJ/(kg \cdot K)$。于是有

$$v_x = xv'' + (1-x)v' = (0.95 \times 28.191 + 0.05 \times 0.0010053)m^3/kg = 26.78m^3/kg$$

$$h_x = xh'' + (1-x)h' = (0.95 \times 2560.55 + 0.05 \times 137.72)kJ/kg = 2439.41kJ/kg$$

$$s_x = xs'' + (1-x)s' = (0.95 \times 8.393 + 0.05 \times 0.4761)kJ/(kg \cdot K) = 7.997kJ/(kg \cdot K)$$

体积的变化为

$$\frac{v_x}{v'} = \frac{26.78}{0.0010053} = 26639$$

即凝结之后，体积变为原来的 $1/26639$。

20. 压力为 $1MPa$、干度为 5% 的湿蒸汽经过减压阀节流后引入压力为 $0.5MPa$ 的绝热容器，使饱和水和饱和蒸汽分离，如图 7-5 所示。设湿蒸汽的流入量为 $200t/h$，试求流出的饱和蒸汽和饱和水的流量。

【解】 节流前后焓相等。查水蒸气热力性质表得

$p_1 = 1MPa$ 时，$h' = 762.84kJ/kg$，$h'' = 2777.67kJ/kg$。

$p_1 = 0.5MPa$ 时，$h' = 640.35kJ/kg$，$h'' = 2748.59kJ/kg$。

入口处：$h_1 = xh'' + (1-x)h' = (0.05 \times 2777.67 + 0.95 \times 762.84)kJ/kg = 863.58kJ/kg$

图 7-5 计算题 20 图

$h_2 = h_1 = 863.58kJ/kg$，故可得

$$x_2h'' + (1-x_2)h' = 2748.59x_2 + 640.35(1-x_2) = 863.58$$

解得 $$x_2 = 0.106$$

饱和蒸汽流量为

$$q_{m汽} = q_{m总} x_2 = 200 \times 0.106t/h = 21.2t/h$$

饱和水流量为

$$q_{m水} = q_{m总} - q_{m汽} = (200 - 21.2)t/h = 178.8t/h$$

21. 压力为 $1MPa$、质量流量为 $12t/h$ 的干饱和蒸汽在汽轮机内膨胀到 $0.1MPa$ 而带动发电机发电，汽轮机出口蒸汽干度为 0.9，发电机的效率为 98%。求：发电机的输出功率（kW）及膨胀过程蒸汽比熵的变化。

【解】 利用水蒸气热力性质表求解。

由 $p_1 = 1MPa$，查得汽轮机入口处参数为 $h_1 = h'' = 2777.67kJ/kg$，$s_1 = s'' = 6.5859kJ/(kg \cdot K)$。

由 $p_2 = 0.1\text{MPa}$，查得 $h' = 417.52\text{kJ/kg}$，$s' = 1.3028\text{kJ/(kg·K)}$，$h'' = 2675.14\text{kJ/kg}$，$s'' = 7.3589\text{kJ/(kg·K)}$。

由 $x_2 = 0.9$，可得汽轮机出口处参数为

$h_2 = x_2 h'' + (1-x_2)h' = (0.9 \times 2675.14 + 0.1 \times 417.52)\text{kJ/kg} = 2449.378\text{kJ/kg}$

$s_2 = x_2 s'' + (1-x_2)s' = (0.9 \times 7.3589 + 0.1 \times 1.3028)\text{kJ/(kg·K)} = 6.7533\text{kJ/(kg·K)}$

蒸汽在汽轮机内做功等于其焓降，发电机输出的功率为

$$P = q_m(h_1-h_2)\eta = \frac{12 \times 1000}{3600} \times (2777.67 - 2449.378) \times 0.98\text{kW} = 1072.42\text{kW}$$

蒸汽在汽轮机内的熵增为

$$\Delta s = s_2 - s_1 = (6.7533 - 6.5859)\text{kJ/(kg·K)} = 0.1674\text{kJ/(kg·K)}$$

注：此题利用 h-s 图解答会很简单，请读者尝试，也请读者计算汽轮机的相对内效率。

22. 火力发电厂热力系统中除氧器是一种混合式加热器，它的作用是除掉给水系统中的氧气，减少设备腐蚀，同时也作为一级回热加热器。设压力 $p_1 = 0.85\text{MPa}$、温度 $t_1 = 130℃$ 的未饱和水，与压力 $p_2 = p_1$、温度 $t_2 = 260℃$ 的过热蒸汽在除氧器中混合成为同压力下质量流量为 600t/h 的饱和水，除氧器可看成绝热系统。求：

1）未饱和水的流量和过热蒸汽的流量。

2）混合过程的熵产。

提示：1）该混合过程满足能量守恒和质量守恒。

2）该混合过程存在传热温差，有不可逆性，所以有熵产。

结论：未饱和水的流量为 554.15t/h。

过热蒸汽的流量为 45.85t/h。

1h 内混合过程的熵产为 $1.35 \times 10^4\text{kJ/K}$。

23. 已知蒸汽的参数为 $p = 10\text{MPa}$、$t = 500℃$，环境参数为 $p_0 = 0.1\text{MPa}$、$t_0 = 0.01℃$，求蒸汽的㶲。

1）利用公式计算。

2）利用水蒸气的焓㶲图计算。

【解】 1）由 $p = 10\text{MPa}$，$t = 500℃$ 可得 $h = 3372.8\text{kJ/kg}$，$s = 6.5954\text{kJ/(kg·K)}$。

由 $p_0 = 0.1\text{MPa}$，$t_0 = 0.01℃$ 可得 $h_0 = 0\text{kJ/kg}$，$s_0 = 0\text{kJ/(kg·K)}$。

蒸汽㶲 $ex = h - h_0 - T_0(s-s_0) = (3372.8 - 273.16 \times 6.5954)\text{kJ/kg} = 1571.2\ \text{kJ/kg}$

2）略。

24. 容积为 2m^3 的刚性容器内装有 500kg 的液态饱和水，其余部分充满平衡的纯饱和水蒸气。平衡温度为 $100℃$，压力为 0.101325MPa。现通过水管向容器内输入 1000kg、$70℃$（比焓为 293kJ/kg）的水。如果要使容器内的压力和温度在这一过程中保持不变，试问必须向容器内加入多少热量？

提示：利用能量守恒和质量守恒计算。加入液体后，水蒸气空间会较小，水蒸气凝结成液体会放出汽化热。

25. 试用麦克斯韦关系式 $\left(\frac{\partial s}{\partial p}\right)_T = -\left(\frac{\partial V}{\partial T}\right)_p$ 验证过热水蒸气表中的数据。

【解】 略。

第 8 章

湿 空 气

8.1 本章知识要点

1. 饱和湿空气和未饱和湿空气

湿空气中水蒸气分压力等于空气温度对应的饱和压力，此时的湿空气称为饱和湿空气。饱和湿空气中的水蒸气处于饱和状态时，不能再吸收水蒸气了。

湿空气中的水蒸气分压力低于空气温度所对应的饱和压力，即水蒸气处于过热状态，这种湿空气称为未饱和湿空气。未饱和湿空气还有继续吸收水蒸气的能力。

2. 绝对湿度

$1m^3$湿空气中所含水蒸气的质量称为湿空气的绝对湿度。绝对湿度指的是湿空气中水蒸气的密度，故用符号ρ_v(kg/m^3) 表示。

$$\rho_v = \frac{m_v}{V} = \frac{p_v}{R_{gv}T} \tag{8-1}$$

式中，m_v为水蒸气质量；V为湿空气体积；p_v为水蒸气分压力；R_{gv}为水蒸气的气体常数。

绝对湿度只能说明湿空气中实际含水蒸气的多少，而不能说明湿空气所具有的吸收水蒸气能力的大小。

3. 相对湿度★

湿空气中所含水蒸气的质量，与同样温度、同样总压力下饱和湿空气中所含水蒸气的质量之比称为相对湿度，用φ表示，则

$$\varphi = \frac{\rho_v}{\rho_s} = \frac{p_v}{p_s} \tag{8-2}$$

式中，ρ_s为饱和湿空气的绝对湿度；p_s为湿空气温度所对应的饱和压力。

相对湿度φ的值介于0和1之间，它表示空气中水蒸气的实际含量相对最大可能含量的接近程度。φ值越小，湿空气中水蒸气偏离饱和状态越远，空气越干燥，吸收水蒸气能力越强，对于干空气而言，$\varphi = 0$；反之，φ值越大，则湿空气中的水蒸气越接近饱和状态，空气

越潮湿，吸收水蒸气能力越弱，当 $\varphi = 1$ 时，湿空气为饱和湿空气，不具有吸收水蒸气的能力。

空气的相对湿度除了可以用毛发式湿度计测量外，还可以用干-湿球温度计来测量。

4. 湿空气的含湿量

在含有 1kg 干空气的湿空气中所含水蒸气的克数为湿空气的含湿量，用 d 表示，单位为 g/kg（干空气）或 g/kg（DA）。

$$d = 1000 \frac{m_v}{m_a} = 1000 \frac{\rho_v}{\rho_a} \qquad (8-3)$$

式中，m_v 为水蒸气质量（kg）；ρ_v 为水蒸气密度（kg /m^3）；m_a 为干空气质量（kg）；ρ_a 为干空气密度（kg/m^3）。

$$d = 622 \frac{p_v}{p - p_v} \qquad (8-4)$$

式（8-4）说明，当湿空气压力 p 一定时，含湿量 d 只取决于水蒸气分压力 p_v，即 $d = f(p_v)$。因为 $p_v = \varphi p_s$，所以式（8-4）可变为

$$d = 622 \frac{\varphi p_s}{p - \varphi p_s} \qquad (8-5)$$

5. 湿空气的焓

湿空气的焓的计算也是以 1kg 干空气为基准的，即

$$h = 1.005t + 0.001d(2501 + 1.863t) \qquad (8-6)$$

6. 露点温度★

保持湿空气中的水蒸气分压力 p_v 不变而逐渐降低温度，φ 值逐渐增大，最后达到 100%，即达到饱和状态，这点的温度称为露点温度，简称露点，用 t_d 表示。可见，露点温度就是水蒸气分压力 p_v 对应的饱和温度。

7. 湿空气的焓湿图

工程上为了计算方便，往往将湿空气的主要参数 h、d、φ、p_v、t 等制成焓湿图（h-d 图），h-d 图是一种非常重要的工具。利用图中的图线既便于确定湿空气的参数，也便于对工程上常见的一些涉及湿空气的热力过程进行分析计算。需要指出，工程上的 h-d 图按照惯例是根据 $p_b = 0.1\text{MPa}$ 绘制的。在工程计算中，如果大气压力略微偏离 0.1MPa 时，利用该图计算也不会有太大的误差。

h-d 图包含了 p_b、t、d、h、φ、p_v 等湿空气参数。在湿空气压力 p_b 一定的条件下，在 t、d、h、φ 中，已知任意两个参数，则湿空气状态就确定了，在 h-d 图上也就是有一确定的点，其余参数均可由此点查出。但 d 与 p_v 不能确定一个空气状态点。

8. h-d 图的应用——湿空气的热力过程

h-d 图的应用主要是在空气调节工程中，在 h-d 图中既可以确定空气的状态和状态参数，也可以显示空气状态的变化过程。

（1）干加热过程　干加热过程是等湿升温过程，利用热水、蒸汽及电能等热源，通过热表面对湿空气加热，其特征是其温度会增高（$\Delta t > 0$），焓增大（$\Delta h > 0$），相对湿度降低（$\Delta \varphi < 0$），而含湿量不变（$\Delta d = 0$），湿空气加热过程中吸热量等于焓差，即

$$q = \Delta h = h_B - h_A > 0 \tag{8-7}$$

（2）干冷却过程　利用冷水或其他制冷剂通过金属表面对湿空气冷却，当冷表面温度等于或高于湿空气的露点温度时，空气中的水蒸气不会凝结，因此其含湿量也不会变化（$\Delta d = 0$），称为干冷却过程。过程中温度将降低（$\Delta t < 0$），焓减小（$\Delta h < 0$），相对湿度增加（$\Delta \varphi > 0$）。

热量变化为

$$q = \Delta h = h_C - h_A < 0 \tag{8-8}$$

（3）冷却去湿过程　湿空气被冷却到露点温度后，湿空气变为饱和状态，若继续冷却，将有水蒸气凝结析出，达到冷却去湿的目的。

（4）等焓加湿过程　利用定量的水通过喷洒与一定状态的空气长时间直接接触，则此种水或水滴及其表面的饱和空气层的温度即等于湿空气的湿球温度。此时，空气的焓值只稍微增加了水的液体热，而这部分热量是可以忽略的，即可将此过程近似看成等焓过程 $\Delta h \approx 0$。另外，空气的含湿量增加（$\Delta d > 0$）。

8.2　习　题　解　答

8.2.1　简答题

1. 为什么影响人体感觉和物体受潮的因素主要是湿空气的相对湿度而不是绝对湿度？

【答】　绝对湿度说明了湿空气中实际含水蒸气的多少，但不能说明湿空气所具有的吸收水蒸气能力的大小。比如，对于温度较高的湿空气，其绝对湿度大，但它可能离饱和状态较远，相对湿度仍然较低，仍然具有较强的吸收水蒸气的能力。

相对湿度表示空气中水蒸气的实际含量相对最大可能含量的接近程度。相对湿度越小，空气越干燥，吸收水蒸气能力越强；相对湿度值越大，空气越潮湿，吸收水蒸气能力越弱。相对湿度为100%时，湿空气为饱和湿空气，不具有吸收水蒸气的能力。

据有关的统计表明：当相对湿度低于60%时，气温要高到35℃以上才感觉到热；但相对湿度达到70%~80%时，气温31℃就开始有热感；如果相对湿度超过了80%，空气中的湿度就更大了，身上的汗水不易蒸发，人们就会有闷热感。高温、高湿天气发生中暑的概率更大。试验表明，导致中暑发生的气象条件为：相对湿度85%，气温30~31℃；相对湿度50%，气温38℃；相对湿度30%，气温40℃。

所以，人体感觉和物体受潮的因素主要是湿空气的相对湿度而不是绝对湿度。

2. 为什么在冷却塔中能将水的温度降低到比大气温度还低的程度？这是否违反热力学第二定律？

【答】　在冷却塔中水被分成很细的水柱往下流，和往上流动的空气形成相对运动，未饱和湿空气能吸收水柱外侧的部分水，使水柱的温度降低，当水柱足够细长时，其温度可降至湿空气对应的湿球温度。因此，在冷却塔中能将水的温度降低到比大气温度（干球温度）还低的程度，冷却效果好。这个过程并不违反热力学第二定律，因为热量从低温物体传至高温物体付出了代价，即损失了一部分水分。

3. 在寒冷的阴天，虽然气温尚未到达0℃，但晾在室外的湿衣服会结冰，这是什么原因？

【答】 冬季空气的相对湿度较小，吸收水蒸气的能力较强，虽然气温尚未到达 0℃，但湿衣服被湿空气吸收部分水分后，衣服的温度可降至湿空气对应的湿球温度而达到 0℃ 以下，这时湿衣服会结冰。

4. 在相同的压力及温度下，湿空气与干空气的密度何者为大？

【答】 干空气的密度大。湿空气是干空气和水蒸气的混合物，水蒸气的分子量小，使湿空气的平均气体常数大于干空气的气体常数，因此，在相同的压力及温度下，干空气的密度比湿空气的密度大。

5. 在同一地区，阴雨天的大气压力为什么比晴朗天气的大气压力低？

【答】 在阴雨天，湿空气中含的水蒸气量增多，使其密度减小，所以大气压力低。

6. 夏天对室内空气进行处理，是否可简单地只将室内空气温度降低即可？

【答】 不可以。除了温度，相对湿度是影响人体舒适程度的又一个重要指标，相对湿度太高或太低人都会感到不舒服。简单降低室内空气温度，其相对湿度将增加，甚至会达到饱和。

7. 当湿空气的温度低于或超过其压力所对应的饱和温度时，相对湿度的定义式有何相同和不同之处？

【答】 见主教材。

8. 对于未饱和湿空气，试比较干球温度、湿球温度、露点温度三者的大小。对于饱和湿空气，三者的关系又如何？

【答】 对于未饱和湿空气，干球温度>湿球温度>露点温度。

对于饱和湿空气，干球温度 = 湿球温度 = 露点温度。

9. 湿空气和湿蒸汽、饱和湿空气和饱和蒸汽，它们有什么区别？

【答】 湿空气是干空气和水蒸气的混合物，湿蒸汽是纯净物，是饱和水和饱和蒸汽的混合态；饱和湿空气中的水蒸气处于饱和状态，饱和蒸汽中水蒸气也处于饱和状态，但它不含空气。

10. 为什么浴室在夏天不像冬天那样雾气腾腾？

【答】 夏天温度高，空气相对湿度大，吸湿能力弱，浴室内的水蒸发少，所以不像冬天那样雾气腾腾。

11. 使湿空气冷却到露点温度以下可以达到去湿的目的，将湿空气压缩（温度不变）能否达到去湿的目的？

【答】 可以。湿空气被压缩，总压力升高，水蒸气的分压力也增加，水蒸气分压力对应的饱和温度（即露点温度）升高，当露点温度高于湿空气温度时，就会有液滴析出，从而达到去湿的目的。

12. 为什么说在冬季寒冷季节，房间外墙内表面温度必须高于室内空气的露点温度？

【答】 在冬季寒冷季节，房间外墙内表面温度是整个房间温度最低的地方，当这里的温度高于室内空气的露点温度时，就不会发生结露现象，墙皮不会被液态水浸泡而变坏，其他墙面就更加没问题。

13. 我国北方水资源缺乏，电厂冷却用循环水需经过冷却塔冷却后形成闭式供水系统，为什么湿式冷却比干式冷却的效果好？

【答】 在电厂湿式冷却塔中水被分成很细的水柱往下流，和往上流动的空气形成相对运动，水与空气间进行着复杂的传热和传质过程，使水柱的温度降低，当水柱足够细长时，其温度可降至湿空气对应的湿球温度，冷却效果好，电厂发电效率高，但是需要补充相当的水量。为了减少水的损失，有的电厂采用干式冷却系统，在这种冷却系统中，水和空气通过翅片管传递热量，当然没有水分蒸发损失，但由于存在传热端差，却不可能把水冷却到空气的干球温度，更别说冷却到湿球温度。

14. 为什么火力发电厂只利用燃料的低位发热量（烟气中的 H_2O 以蒸汽形式排出，不是以液态形式排出，没有利用由蒸汽凝结为液体而释放的汽化热，故称为低位发热量）？

【答】 火力发电厂燃料中硫分燃烧后生成二氧化硫，二氧化硫又会再氧化成三氧化硫，三氧化硫与烟气蒸气形成硫酸蒸气，当受热面的壁温低于硫酸蒸气的露点温度时，硫酸蒸气就会凝结在管壁上腐蚀受热面。因此，火力发电厂的排烟温度都在 100℃ 以上，不能利用蒸汽凝结为液体而释放的汽化热，火力发电厂只利用燃料的低位发热量。

15. 某电厂采用图 8-1 所示的两级压缩、级间冷却方式获得高压空气来驱动气动设备。已知低压气缸入口的空气是未饱和湿空气，但是低压气缸的排气经过级间冷却器后，却有液态水析出，需要加以去除，否则会影响下一级的压缩，或者影响气动机构的执行情况。试分析，经级间冷却器后为什么会有液态水析出？

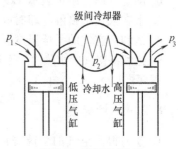

图 8-1 简答题 15 图

【答】 湿空气在低压气缸中被压缩后，总压力升高（温度也许会升高），水蒸气的分压力也增加，因此湿空气的露点温度也升高。当露点温度高于湿空气温度时，就会有液滴析出，需要在级间冷却器中想办法去除，否则会影响下一级的压缩，或者影响气动机构的执行情况。

16. 请通过网络查找国内外空冷电厂建设情况。

【答】 略。

8.2.2 填空题

1. 在一个标准大气压下，将 20℃、相对湿度为 80% 的湿空气等压加热变为 60℃ 的湿空气，则湿空气的相对湿度_____，含湿量_____，露点_____（填增大、减小或不变）。

2. 用干-湿球温度计和露点仪对湿空气测量得到三个温度：17℃、20℃ 和 30℃，则该湿空气的湿球温度为_____℃。

3. 容器内装有未饱和湿空气，现充入一定量的干空气，保持容器内的温度和压力不变，则容器内干空气的分压力_____，水蒸气分压力_____，湿空气的含湿量_____，相对湿度_____，露点_____（填"增加""减小"或"不变"）。

4. 冬季取暖相当于对未饱和湿空气等压加热，则室内空气中水蒸气分压力_____，湿空气的含湿量_____，相对湿度_____，露点_____，湿球温度_____（填"增加""减小"或"不变"）。

5. 已知湿空气的含湿量 d[g/kg（DA）]，则干空气的质量分数为_____，水蒸气的质量分数为_____，湿空气的折合（平均）摩尔质量为_____。

6. 一刚性容器内盛未饱和湿空气，加热提高其温度，则该湿空气的含湿量 d 将_____，水蒸气的分压力将_____。

答案：1. 减小，不变，不变；2. 20；3. 增加，减小，减小，减小，减小；4. 不变，不变，减小，不变，增加；5. $\dfrac{1000}{1000+d}$，$\dfrac{d}{1000+d}$，$\dfrac{1000+d}{1000/28.97+d/18}$；6. 不变，增加。

8.2.3 判断题

1. 相对湿度越大，含湿量也越大。（   ）
2. 相对湿度 $\varphi = 0$，表示空气为干空气，不含水蒸气。（   ）
3. 相对湿度 $\varphi = 100\%$，表示空气中全部为水蒸气，不含干空气。（   ）
4. 露点温度取决于湿空气中水蒸气分压力，与总压力无关。（   ）
5. 未饱和湿空气的干球温度总大于湿球温度。（   ）
6. 湿空气的含湿量表示 1kg 湿空气中含有的水蒸气质量。（   ）
7. 水在大气中喷淋冷却时其温度可降到低于大气温度。（   ）
8. 饱和湿空气的干球温度、湿球温度、露点温度相等。（   ）
9. 饱和湿空气中水蒸气处于饱和状态，未饱和湿空气中水蒸气处于未饱和状态。（   ）
答案：1. ×；2. √；3. ×；4. √；5. √；6. ×；7. √；8. √；9. ×。

8.2.4 计算题

1. 今测得湿空气的干球温度 $t = 30℃$，湿球温度 $t_s = 20℃$，当地大气压力 $p_b = 0.1\text{MPa}$。求：湿空气的相对湿度 φ、含湿量 d、比焓 h。

【解】 查 h-d 图得

相对湿度 $\qquad\qquad\qquad\qquad \varphi = 40\%$

含湿量 $\qquad\qquad\qquad\qquad d = 10.7\text{g/kg}$（DA）

比焓 $\qquad\qquad\qquad\qquad h = 57.5\text{kJ/kg}$（DA）

2. 已知湿空气开始时的状态是 $p_b = 0.1\text{MPa}$，温度 $t = 35℃$，相对湿度 $\varphi = 40\%$，求水蒸气的分压力和湿空气的露点温度；如果保持该湿空气的温度不变，而将压力提高到 $p_2 = 0.2\text{MPa}$，此时水蒸气的分压力和湿空气的露点温度又是多少？

【解】 1）$p_s(t) = 0.00563\text{MPa}$ $\quad p_v = \varphi p_s(t) = 0.4 \times 0.00563\text{MPa} = 0.00225\text{MPa}$

$\qquad\qquad t_d = t_s(p_v) = t_s(0.00225\text{MPa}) = 19.4℃$

2）$p_{v2} = 2p_v = 2 \times 0.00225\text{MPa} = 0.0045\text{MPa}$

查 0.0045MPa 对应的饱和温度（露点温度）为 31℃。

3. 已知湿空气开始时的状态是 $p_b = 0.1\text{MPa}$，温度 $t = 40℃$，相对湿度 $\varphi = 70\%$，如果湿空气被等压冷却到 5℃，有多少水分被去除？

【解】 $p_{s1}(t_1) = p_{s1}(40℃) = 0.00738\text{MPa}$

$$d_1 = 622\frac{\varphi p_{s1}}{p - \varphi p_{s1}} = 622 \times \frac{0.7 \times 7.38}{100 - 0.7 \times 7.38}\text{g/kg(DA)} = 33.88\text{g/kg(DA)}$$

$p_{s2}(5℃) = 0.000873\text{MPa}, \varphi_2 = 100\%$

$$d_2 = 622\frac{\varphi_2 p_{s2}}{p - \varphi_2 p_{s2}} = 622 \times \frac{1 \times 0.873 \times 10^3}{100000 - 0.873 \times 10^3}\text{g/kg(DA)} = 5.48\text{g/kg(DA)}$$

去除水分为

$$\Delta d = d_1 - d_2 = (33.88 - 5.48)\,\mathrm{g/kg(DA)} = 28.4\,\mathrm{g/kg(DA)}$$

4. 一功率为 800W 的电吹风机，吸入的空气为 0.1MPa、15℃、$\varphi = 70\%$，经过电吹风机后，压力基本不变，温度变为 50℃，相对湿度变为 20%，不考虑空气动能的变化。求电吹风机入口湿空气的体积流量（$\mathrm{m^3/s}$）。

【解】　$p_{s1}(15℃) = 0.00171\,\mathrm{MPa}$

$$d_1 = 622\frac{\varphi p_{s1}}{p - \varphi p_{s1}} = 622 \times \frac{0.7 \times 1.71}{100 - 0.7 \times 1.71}\,\mathrm{g/kg(DA)} = 7.54\,\mathrm{g/kg(DA)}$$

$$h_1 = h_{a1} + h_{v1} = 1.005t_1 + 0.001d_1(2501 + 1.86t_1) = 34.132\,\mathrm{kJ/kg(DA)}$$

$$h_2 = h_{a2} + h_{v2} = 1.005t_2 + 0.001d_2(2501 + 1.86t_2) = 69.8\,\mathrm{kJ/kg(DA)}$$

$$m_a(h_2 - h_1) = 800 \times 10^{-3}\,\mathrm{kW}$$

解得干空气的质量流量为

$$m_a = 0.0224\,\mathrm{kg/s}$$

则湿空气的质量流量为

$$m = (1 + 0.001d_1)m_a = 0.0226\,\mathrm{kg/s}$$

入口处湿空气的体积流量为

$$q_V = \frac{0.0226 \times 287 \times 288.15}{0.1 \times 10^6}\,\mathrm{m^3/s} = 0.0187\,\mathrm{m^3/s}$$

5. 已知湿空气的状态是 $p_b = 0.1\,\mathrm{MPa}$，干球温度 $t = 30℃$，露点温度 $t_d = 15℃$，求其相对湿度、含湿量、水蒸气分压力。如果将该湿空气等压加热至 50℃，求相对湿度以及需要加入的热量。

【解】　1）$p_s(15℃) = 0.00171\,\mathrm{MPa}$

$$d = 622 \times \frac{1.71}{100 - 1.71} = 10.82\,\mathrm{g/kg(DA)}$$

$$p_{s1}(30℃) = 0.00424\,\mathrm{MPa},\quad \varphi_1 = \frac{p_s(15℃)}{p_s(30℃)} = \frac{1.71}{4.24} = 40\%$$

2）$p_{s2}(50℃) = 0.01235\,\mathrm{MPa},\quad \varphi_2 = \frac{p_s(15℃)}{p_s(50℃)} = \frac{1.71}{12.35} = 13.8\%$

$$h_1 = h_{a1} + h_{v1} = 1.005t_1 + 0.001d(2501 + 1.86t_1)$$

$$h_2 = h_{a2} + h_{v2} = 1.005t_2 + 0.001d(2501 + 1.86t_2)$$

$$\Delta h = h_2 - h_1 = 1.005 \times (t_2 - t_1) + 0.001d \times 1.86 \times (t_2 - t_1)$$

$$= [1.005 \times (50 - 30) + 10.82 \times 10^{-3} \times 1.86 \times (50 - 30)]\,\mathrm{kJ/kg(DA)}$$

$$= (1.005 \times 20 + 10.82 \times 10^{-3} \times 1.86 \times 20)\,\mathrm{kJ/kg(DA)} = 20.5\,\mathrm{kJ/kg(DA)}$$

6. 有一房间的地板面积为 $325\,\mathrm{m^2}$，地板到天花板的高度为 2.4m，如房间空气压力为 0.1MPa，温度为 30℃，$\varphi = 70\%$。问房间内有多少千克水蒸气？

【解】　$p_s(30℃) = 0.00424\,\mathrm{MPa}$

$$d = 622 \times \frac{4.24 \times 0.7}{100 - 4.24 \times 0.7}\,\mathrm{g/kg(DA)} = 19.03\,\mathrm{g/kg(DA)}$$

$$p_a = p - p_v = (0.10 - 0.7 \times 0.00424) \text{MPa} = 0.09703 \text{MPa}$$

$$V = Ah = 325 \times 2.4 \text{m}^3 = 780 \text{m}^3$$

干空气质量 $\quad m_a = \dfrac{p_a V}{R_{ga} T} = \dfrac{0.09703 \times 10^6 \times 780}{287 \times (273 + 30)} \text{kg} = 870.31 \text{kg}$

水蒸气质量 $\quad m_v = m_a d = 870.31 \times 19.03 \times 10^{-3} \text{kg} = 16.56 \text{kg}$

7. 有两股湿空气进行绝热混合，已知第一股气流的 $q_{V1} = 15 \text{m}^3/\text{min}$，$t_1 = 20℃$，$\varphi_1 = 30\%$；第二股气流的 $q_{V2} = 20 \text{m}^3/\text{min}$，$t_2 = 35℃$，$\varphi_2 = 80\%$。如两股气流的压力均为 101315Pa，求混合后湿空气的焓、含湿量、温度、相对湿度。

【解】 以下均按 1min 的时间处理。

第一股湿空气：$t_1 = 20℃$，查表得 $p_{s1} = 2338.5 \text{Pa}$，水蒸气分压力为

$$p_{v1} = \varphi_1 p_{s1} = 701.6 \text{Pa}$$

干空气的分压力为

$$p_{a1} = (101315 - 701.6) \text{Pa} = 100613.4 \text{Pa}$$

湿空气的含湿量为

$$d_1 = 622 \frac{p_{v1}}{p_b - p_{v1}} = 622 \times \frac{701.6}{101315 - 701.6} \text{g/kg(DA)} = 4.34 \text{g/kg(DA)}$$

湿空气的比焓为

$$h_1 = [1.005 \times 20 + 4.34 \times 10^{-3} \times (2501 + 1.863 \times 20)] \text{kJ/kg(DA)} = 31.12 \text{kJ/kg(DA)}$$

干空气的质量为

$$m_{a1} = \frac{p_{a1} V_1}{R_{ga} T_1} = \frac{100613.4 \times 15}{287 \times 293.15} \text{kg} = 17.94 \text{kg}$$

水蒸气的质量为

$$m_{v1} = \frac{p_{v1} V_1}{R_{gv} T_1} = \frac{701.6 \times 15}{461.9 \times 293.15} \text{kg} = 0.0777 \text{kg}$$

同理，第二股湿空气：$t_2 = 35℃$，查表得 $p_{s2} = 5626.3 \text{Pa}$，水蒸气分压力为

$$p_{v2} = \varphi_2 p_{s2} = 4501 \text{Pa}$$

干空气的分压力为

$$p_{a2} = (101315 - 4501) \text{Pa} = 96814 \text{Pa}$$

湿空气的含湿量为

$$d_2 = 622 \frac{p_{v2}}{p_b - p_{v2}} = 622 \times \frac{4501}{101315 - 4501} \text{g/kg(DA)} = 28.92 \text{g/kg(DA)}$$

湿空气的比焓为

$$h_2 = [1.005 \times 35 + 28.92 \times 10^{-3} \times (2501 + 1.863 \times 35)] \text{kJ/kg(DA)} = 109.39 \text{kJ/kg(DA)}$$

干空气的质量为

$$m_{a2} = \frac{p_{a2} V_2}{R_{ga} T_2} = \frac{96814 \times 20}{287 \times 308.15} \text{kg} = 21.89 \text{kg}$$

水蒸气的质量为

$$m_{v2} = \frac{p_{v2} V_2}{R_{gv} T_2} = \frac{4501 \times 20}{461.9 \times 308.15} \text{kg} = 0.632 \text{kg}$$

以上两股湿空气混合后，有以下干空气质量守恒、水蒸气质量守恒、能量守恒方程：

$$m_{a3} = m_{a1} + m_{a2} = (17.94 + 21.89)\,\text{kg} = 39.83\,\text{kg}$$

$$m_{a3}d_3 = (0.0777 + 0.632)\,\text{kg} = 0.7097\,\text{kg}$$

$$m_{a3}h_3 = m_{a1}h_1 + m_{a2}h_2 = (17.94 \times 31.12 + 21.89 \times 109.39)\,\text{kJ} = 2952.84\,\text{kJ}$$

解得 $d_3 = 17.82\,\text{g/kg(DA)}$，$h_3 = 74.14\,\text{kJ/kg(DA)}$。

由 $$h_3 = 1.005t_3 + 0.001d_3(2501 + 1.86t_3) = 74.14\,\text{kJ/kg(DA)}$$

解得 $t_3 = 28.48\,℃$，由水蒸气表查得它对应的饱和压力为 $p_{s3} = 3889.9\,\text{Pa}$。

由 $$d_3 = 622\frac{p_{v3}}{101315 - p_{v3}}$$

解得 $p_{v3} = 2821.8\,\text{Pa}$

相对湿度为 $$\varphi_3 = \frac{p_{v3}}{p_{s3}} = \frac{2821.8}{3889.9} = 0.73$$

8. 某空调系统，每小时需要 $t = 21\,℃$、$\varphi = 60\%$ 的湿空气 $12000\,\text{m}^3$。已知新空气的温度 $t_1 = 5\,℃$，相对湿度 $\varphi_1 = 80\%$；循环空气的温度 $t_2 = 25\,℃$，相对湿度 $\varphi_2 = 70\%$。新空气与循环空气混合后送入空调系统。设当时的大气压力为 $0.1013\,\text{MPa}$。试求：

1) 需预先将新空气加热到多少摄氏度。

2) 新空气与循环空气的质量各为多少千克？

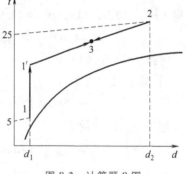

图 8-2　计算题 8 图

【解】　1) 该混合过程如图 8-2 所示。以下均以 1h 空气流量计算。

新空气：$t_1 = 5\,℃$，查表得 $p_{s1} = 872.5\,\text{Pa}$，水蒸气分压力为 $p_{v1} = \varphi_1 p_{s1} = 698\,\text{Pa}$

湿空气的含湿量为

$$d_1 = 622\frac{p_{v1}}{p_b - p_{v1}} = 622 \times \frac{698}{101300 - 698}\,\text{g/kg(DA)} = 4.32\,\text{g/kg(DA)}$$

加热到 t_1' 后，湿空气含湿量不变，湿空气的比焓变为

$$h_1' = 1.005t_1' + 4.32 \times 10^{-3} \times (2501 + 1.863t_1')$$

同理，对于循环空气，$t_2 = 25\,℃$，查表得 $p_{s2} = 3168.7\,\text{Pa}$，水蒸气分压力为

$$p_{v2} = \varphi_2 p_{s2} = 2218.1\,\text{Pa}$$

湿空气的含湿量为

$$d_2 = 622\frac{p_{v2}}{p_b - p_{v2}} = 622 \times \frac{2218.1}{101300 - 2218.1}\,\text{g/kg(DA)} = 13.92\,\text{g/kg(DA)}$$

湿空气的比焓为

$$h_2 = [1.005 \times 25 + 13.92 \times 10^{-3} \times (2501 + 1.863 \times 25)]\,\text{kJ/kg(DA)} = 60.59\,\text{kJ/kg(DA)}$$

以上两股湿空气混合后变为 $t = 21\,℃$、$\varphi = 60\%$ 的湿空气。

$t_2 = 21\,℃$，查表得 $p_{s2} = 2487.3\,\text{Pa}$，水蒸气分压力为

$$p_v = \varphi p_s = 1492.4\,\text{Pa}$$

湿空气的含湿量为

$$d = 622 \frac{p_{v1}}{p_b - p_{v1}} = 622 \times \frac{1492.4}{101300 - 1492.4} g/kg(DA) = 9.3 g/kg(DA)$$

湿空气的比焓为

$$h = [1.005 \times 21 + 9.3 \times 10^{-3} \times (2501 + 1.863 \times 21)] kJ/kg(DA) = 44.73 kJ/kg(DA)$$

干空气分压力为

$$p_a = (101300 - 1492.4) Pa = 99807.6 Pa$$

干空气的质量为

$$m_a = \frac{p_a V_1}{R_{ga} T} = \frac{99807.6 \times 12000}{287 \times 294.15} kg = 14187.12 kg$$

被加热后的新空气与循环空气混合，有以下干空气质量守恒、水蒸气质量守恒、能量守恒方程：

$$m_a = m_{a1} + m_{a2} = 14187.12 kg$$

$$14187.12 kg \times 9.3 = 4.32 m_{a1} + 13.92 m_{a2}$$

$$14187.12 \times 44.73 kJ = m_{a1} h_1' + m_{a2} \times 60.59 kJ/kg(DA)$$

解得 $m_{a1} = 6827.55 kg$，$m_{a2} = 7359.57 kg$，$h_1' = 27.63 kJ/kg(DA)$

$$h_1' = 1.005 t_1' + 4.32 \times 10^{-3} \times (2501 + 1.863 t_1') = 27.63 kJ/kg(DA)$$

解得 $t_1' = 16.61 ℃$

2）新空气的质量为

$$m_1 = m_{a1}(1 + d_1) = 6827.55 \times (1 + 0.00432) kg = 6857.05 kg$$

循环空气的质量为

$$m_2 = m_{a2}(1 + d_2) = 7359.57 \times (1 + 0.01392) kg = 7462.02 kg$$

9. 冷却塔中的水由 38℃ 被冷却至 23℃，水流量为 $100 \times 10^3 kg/h$。从塔底进入的湿空气参数为温度 $t = 15℃$，相对湿度 $\varphi = 50\%$，塔顶排出的是温度为 30℃ 的饱和湿空气。求需要送入冷却塔的湿空气质量流量和蒸发的水量。若欲将热水（38℃）冷却到进口空气的湿球温度，其他参数不变，则送入的湿空气质量流量又为多少？设当时的大气压力为 0.1013MPa。

【解】 该冷却塔如图 8-3 所示，状态为 3 的热水被冷却到状态 4，湿空气由状态 1 被加热到状态 2。

$t_1 = 15℃$，$\varphi_1 = 50\%$ 时，查湿空气 h-d 图可得 $d_1 = 5.32 g/kg(DA)$，$h_1 = 28.5 kJ/kg(DA)$，湿球温度 $t_{w1} = 9.5℃$。

$t_2 = 30℃$，$\varphi_2 = 100\%$ 时，查湿空气 h-d 图可得 $d_2 = 27.2 g/kg(DA)$，$h_2 = 99.6 kJ/kg(DA)$。

$t_4 = 23℃$ 时，$h_4 = 96.3 kJ/kg$；$t_4' = 9.5℃$ 时，$h_4' = 39.8 kJ/kg$；$t_4 = 38℃$ 时，$h_2 = 159.1 kJ/kg$。

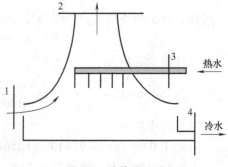

图 8-3 计算题 9 图

1）设干空气的质量流量为 $m_a(kg/h)$，流出冷却塔的水流量为 $m_{w4}(kg/h)$，冷却水减少的量等于湿空气中增加的水分。以 1h 计算，冷却塔有以下两个平衡方程式：

水分质量守恒 $\qquad m_a(d_2-d_1)\times10^{-3}=m_{w3}-m_{w4}$

能量守恒 $\qquad m_a(h_2-h_1)=m_{w3}h_3-m_{w4}h_4$

解得 $\qquad m_a=91026.66\text{kg/h}\qquad m_{w4}=98008.337\text{kg/h}$

则送入冷却塔的湿空气质量为

$$m=m_a(1+d_1\times10^{-3})=91510.92\text{kg/h}$$

蒸发量为

$$\Delta m_w=m_a(d_2-d_1)\times10^{-3}=1991.663\text{kg/h}$$

或 $\qquad \Delta m_w=m_{w3}-m_{w4}=1991.663\text{kg/h}$

2）当将热水冷却到进口空气的湿球温度时，即将上面的 h_4 用 h_4' 来代替。

解得 $\qquad m_a'=169873.35\text{kg/h}\qquad m_{w4}'=96283.16\text{kg/h}$

则送入冷却塔的湿空气质量为

$$m'=m_a'(1+d_1)\times10^{-3}=170762.29\text{kg/h}$$

蒸发量为

$$\Delta m_w'=m_a'(d_2-d_1)=3716.84\text{kg/h}$$

或者

$$\Delta m_w'=m_{w3}-m_{w4}'=3716.84\text{kg/h}$$

10. 一容器容积为 10m^3，内盛压力为 0.1MPa、温度为 $30℃$ 的饱和湿空气，试求：

1）湿空气的比焓。

2）其中干空气的质量。

3）容器中湿空气的总热力学能。

【解】 查水蒸气性质表，$t=30℃$ 时，$p_s=4245.1\text{Pa}$。

湿空气的含湿量为

$$d=622\frac{p_v}{p_b-p_v}=622\times\frac{4245.1}{10^5-4245.1}\text{g/kg(DA)}=27.58\text{g/kg(DA)}$$

1）湿空气的比焓为

$$h=1.01t+0.001d(2501+1.86t)$$
$$=[1.01\times30+0.001\times27.58\times(2501+1.86\times30)]\text{kJ/kg(DA)}=100.82\text{kJ/kg(DA)}$$

2）容器中干空气的质量为

$$m_a=\frac{p_aV}{R_gT}=\frac{(10^5-4245.1)\times10}{287\times303.15}\text{kg}=11.006\text{kg}$$

3）容器中湿空气的总焓为

$$H=m_ah=11.006\times100.82\text{kJ}=1109.62\text{kJ}$$

由焓的定义式 $H=U+pV$，可得容器中湿空气的总热力学能为

$$U=H-pV=(1109.62-0.1\times10^6\times10\times10^{-3})\text{kJ}=109.62\text{kJ}$$

第 9 章

气体和蒸汽的流动

9.1 本章知识要点

1. 一维稳定流动的基本方程

（1）连续性方程

$$q_m = \frac{A_1 c_1}{v_1} = \frac{A_2 c_2}{v_2} = \frac{Ac}{v} = 常数 \tag{9-1}$$

（2）能量方程

$$h_1 + \frac{1}{2}c_1^2 = h_2 + \frac{1}{2}c_2^2 = h + \frac{1}{2}c^2 = 常数 \tag{9-2}$$

（3）过程方程

$$pv^\kappa = 常数 \tag{9-3}$$

（4）声速与马赫数

声速 a 的表达式为

$$a = \sqrt{\left(\frac{\partial p}{\partial \rho}\right)_s} \tag{9-4}$$

★理想气体的声速为

$$a = \sqrt{\kappa p v} = \sqrt{\kappa R_g T} \tag{9-5}$$

马赫数为

$$Ma = \frac{c}{a} \tag{9-6}$$

2. 促进流动改变的条件

（1）力学条件

$$c \, dc = -v \, dp \tag{9-7}$$

这说明，在等熵流动中，如果气体压力降低（$dp<0$），则流速必增加（$dc>0$），这就是喷管。如果气体流速降低（$dc<0$），则压力必升高（$dp>0$），这就是扩压管。

（2）几何条件★ 几何条件就是要研究喷管截面面积变化和速度变化之间的关系

$$\frac{dA}{A} = (Ma^2 - 1)\frac{dc}{c} \tag{9-8}$$

3. 喷管的选择（dc>0）★

1）当 $Ma < 1$ 时，$dA < 0$，说明亚声速气流若要加速，应选择渐缩喷管。

2）当 $Ma > 1$ 时，$dA > 0$，说明超声速气流若要加速，应选择渐扩喷管。

3）想要气流在喷管中由亚声速（$Ma < 1$）连续地增加到超声速（$Ma > 1$），应选择缩放喷管或拉伐尔喷管。

在缩放喷管最小截面处（也称喉部），$Ma = 1$，即流速恰好达到当地声速，此处气流处于从亚声速变为超声速的转折点，通常称为临界截面。临界截面处的气体参数称为临界参数，用下角标 cr 表示，如临界压力 p_{cr}、临界比体积 v_{cr}、临界温度 T_{cr} 等。

4. 等熵滞止参数

等熵滞止是指流体流速变为 0 的状态，滞止参数以下标 "0" 记之，如 p_0、v_0、T_0、h_0 等，由能量方程式得到滞止比焓的表达式：

$$h_0 = h_1 + \frac{1}{2}c_1^2 = h_2 + \frac{1}{2}c_2^2 = h + \frac{1}{2}c^2 \tag{9-9}$$

（1）理想气体的滞止参数 对于理想气体，如比定压热容 c_p 为定值，将 $h = c_p T$ 及 $h_0 = c_p T_0$ 代入，有

$$c_p T_0 = c_p T + \frac{1}{2}c^2 \tag{9-10}$$

利用式（9-10）可方便地求出滞止温度 T_0，再利用等熵方程 $\frac{p_0}{p} = \left(\frac{T_0}{T}\right)^{\frac{\kappa}{\kappa-1}}$，可求出滞止压力 p_0。

（2）水蒸气的滞止参数 水蒸气的滞止参数求法比较简单，可以直接利用 h-s 图求得。需要提醒注意的是在实际运算时，如果速度 c_1 的单位是 m/s，那么 $\frac{1}{2}c_1^2$ 的单位是 J/kg，需转化为 kJ/kg，再利用 h-s 图求解。

5. 喷管的计算★

（1）气体的出口流速

$$c_2 = \sqrt{2(h_0 - h_2)} \tag{9-11}$$

式中，h_0、h_2 分别是滞止比焓和喷管出口截面处的比焓。它是由能量守恒原理导出的，对工质种类及过程是否可逆并无限制，可适用于任何流体的可逆或不可逆绝热流动过程。

对于理想气体的可逆绝热过程，有

$$c_2 = \sqrt{2(h_0 - h_2)} = \sqrt{2c_p(T_0 - T_2)} \tag{9-12}$$

（2）临界压力比 $Ma = 1$ 的截面称为临界截面，该截面处的压力为临界压力 p_{cr}，压力比 $\frac{p_{cr}}{p_0}$ 称为临界压力比，以 β_{cr} 表示。

$$\beta_{cr} = \frac{p_{cr}}{p_0} = \left(\frac{2}{\kappa+1}\right)^{\frac{\kappa}{\kappa-1}} \tag{9-13}$$

双原子理想气体：$\kappa=1.4$，$\beta_{cr}=0.528$；

三原子理想气体：$\kappa=1.3$，$\beta_{cr}=0.546$；

过热水蒸气：$\kappa=1.3$，$\beta_{cr}=0.546$；

干饱和水蒸气：$\kappa=1.135$，$\beta_{cr}=0.577$。

6. 有摩擦阻力的绝热流动

能量方程，即

$$h_1+\frac{1}{2}c_1^2=h_2+\frac{1}{2}c_2^2=h_2'+\frac{1}{2}c_2'^2 \tag{9-14}$$

式中，h_2、c_2 分别为理想等熵流动时喷管出口处的比焓和流速；h_2'、c_2' 分别为实际有摩擦阻力时喷管出口处的比焓和流速。

工质实际出口速度 c_2' 与理想出口速度 c_2 之比称为喷管的速度系数，用 φ 表示。

$$\varphi=\frac{c_2'}{c_2} \tag{9-15}$$

此外，还可以用能量损失系数 ξ 来表示由于摩擦阻力引起的动能减少。能量损失系数的定义为

$$\xi=\frac{损失的动能}{理想动能}=\frac{c_2^2-c_2'^2}{c_2^2}=1-\varphi^2 \tag{9-16}$$

工程上常先按理想情况求出出口流速 c_2 然后再根据估定的 φ 值求得 c_2'，即

$$c_2'=\varphi c_2=\varphi\sqrt{2(h_1-h_2)+c_1^2}=\varphi\sqrt{2(h_0-h_2)} \tag{9-17}$$

7. 绝热节流★

绝热节流温度效应常用绝热节流系数 μ_J（又称为焦耳-汤姆逊系数，或简称焦-汤系数）来表示，其定义是

$$\mu_J=\left(\frac{\partial T}{\partial p}\right)_h \tag{9-18}$$

当节流后流体温度升高（$dT>0$）时，则 $\mu_J<0$，表示热效应；当节流后流体温度降低（$dT<0$）时，则 $\mu_J>0$，表示冷效应；当节流后流体温度不变（$dT=0$）时，则 $\mu_J=0$，表示零效应。

$\Delta T=\int_{p_1}^{p_2}\mu_J dp$ 称为积分节流效应。

9.2 习题解答

9.2.1 简答题

1. 什么是滞止参数？在给定的等熵流动中，各截面上的滞止参数是否相同？

【答】 设想将工质经过等熵压缩过程，使其流速降为零，这时的参数称为等熵滞止参数，简称滞止参数。根据能量方程，任一截面的气流状态进行等熵滞止，其滞止后的滞止参数均相等。

2. 图 9-1 所示的管段，在什么情况下适合作为喷管？在什么情况下适合作为扩压管？

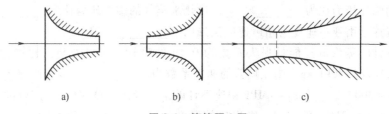

a)　　　　　　　b)　　　　　　　c)

图 9-1　简答题 2 图

答：略。

3. 促使流动改变的条件有力学条件和几何条件之分。两个条件之间的关系怎样？哪个是决定性因素？不满足几何条件会发生什么问题？

【答】　力学条件是促使流动改变的内因，是决定性因素，几何条件是外因，也是必不可少的因素。不满足几何条件，哪怕力学条件再好也不能实现所预期的目标。比如，想提高亚声速气流的流速，采用渐扩喷管，结果是流速非但没有提高反而降低了，流体的压力提高，成扩压管了。

4. 声速取决于哪些因素？

【答】　声速取决于物质的种类及所处的状态。

5. 为什么渐缩喷管中气体的流速不可能超过当地声速？

【答】　气体在渐缩喷管内降低压力，可以提高流速，但是根据 $\dfrac{dA}{A} = (Ma^2 - 1)\dfrac{dc}{c}$，当气流达到超声速（$Ma > 1$）时，$dA > 0$，也就是说此时截面面积要逐渐增大才可以实现流速的提高，所以单纯采用渐缩喷管不能使气流达到超声速。

6. 当有摩擦损耗时，喷管的出口处流速同样可用 $c_2 = \sqrt{2(h_0 - h_2)}$ 计算，似乎与无摩擦损耗时相同，那么摩擦损耗表现在哪里呢？

【答】　摩擦损耗表现在出口焓 h_2 不同，没有摩擦损耗时出口焓 h_2 小，有摩擦损耗时出口焓 h_2 大。可见，在其他条件相同的情况下，有摩擦损耗时喷管的出口处流速小。

7. 如何理解临界压力比？临界压力比在分析气体在喷管中流动情况方面起什么作用？

【答】　临界压力比是指临界压力与滞止压力之比，它在分析喷管流动过程中是一个很重要的数值，根据它可以很容易地算出气体的压力降到多少时流速恰好等于当地声速。由于渐缩喷管不可能使亚声速气流变为超声速，所以，气流在喷管中压力最多只能降低到临界压力。在设计阶段，如果已知入口处压力及出口处背压，临界压力比还可以提供选择喷管外形的依据。

8. 通过互联网查找火力发电厂汽轮机"等压运行"和"滑压运行"的有关情况。

【答】　略。

9. 通过互联网查找有关我国"神舟六号"宇宙飞船烧蚀层的情况。

【答】　略。

9.2.2　填空题

1. 质量流量的计算公式为_____。

2. 理想气体声速的计算公式为_____。

3. 空气的临界压力比为_____，过热水蒸气的临界压力比为_____。

4. 使气流连续由亚声速变为超声速应该选用_____喷管。

5. 初速不计的蒸汽流经能量损失系数为 0.19 的喷管，入口处蒸汽比焓为 2750kJ/kg，出口处蒸汽比焓为 2280kJ/kg，则该喷管的速度系数为_____，出口流速为_____m/s。

6. 温度 $t_1 = 300℃$、压力 $p_1 = 1MPa$ 初速不计的空气经出口截面积为 $10cm^2$ 的渐缩喷管等熵流入背压 $p_b = 0.2MPa$ 的空间，则出口处温度为_____℃，流速为_____m/s，质量流量为_____kg/s。

7. 焦汤系数的定义为 $\mu_J =$_____，当 $\mu_J > 0$ 时表示_____效应，$\mu_J < 0$ 时表示_____效应。

8. 理想气体体膨胀系数 $\alpha_p = \dfrac{1}{v}\left(\dfrac{\partial v}{\partial T}\right)_p =$_____。

9. 绝热节流的_____效应称为焦耳-汤姆逊效应。

10. 马赫数等于 1 的流动称为_____流动。

答案：1. $q_m = \dfrac{Ac}{v}$；2. $a = \sqrt{\kappa p v} = \sqrt{\kappa R_g T}$；3. 0.528，0.546；4. 拉伐尔（或缩放、渐缩渐扩）；5. 0.9，969.54；6. 204.4，438，1.687；7. $\left(\dfrac{\partial T}{\partial p}\right)_h$，冷，热；8. $\dfrac{1}{T}$；9. 微分；10. 临界。

9.2.3 判断题

1. 声音在空气中的传播速度大约为 340m/s。（   ）

2. 在给定的等熵流动中，各截面上的滞止参数相同。（   ）

3. 亚声速气流通过渐缩喷管不可能达到超声速。（   ）

4. 气流在缩放喷管喉部处一定为临界状态。（   ）

5. 随着温度升高理想气体的声速增加。（   ）

6. 随着压力升高理想气体的声速增加。（   ）

7. 当亚声速气流流入一个渐扩型管道时，气流压力将升高。（   ）

8. 绝热节流后气体温度可能升高。（   ）

9. 绝热节流后流体焓值不变，所以绝热节流过程并不造成能量品质下降。（   ）

10. 流体在渐缩喷管内等熵流动时，气体流速越来越大，而当地声速越来越小，所以在渐缩喷管某截面上总是可以达到临界状态。（   ）

11. 降低渐缩喷管出口背压，则喷管流量必定增加。（   ）

答案：1. ×；2. √；3. √；4. ×；5. √；6. ×；7. √；8. √；9. ×；10. ×；11. ×。

9.2.4 计算题

1. 某火力发电厂主蒸汽管道中蒸汽的温度为 540℃，压力为 16MPa，流量为 1000t/h，主蒸汽管道的内径为 800mm，求蒸汽在管道中的流速。

【解】 查水和水蒸气表，温度为 540℃，压力为 16MPa 的蒸汽的比体积为 $v =$

$0.0209326\mathrm{m}^3/\mathrm{kg}$。

蒸汽流通的面积为

$$A = \frac{\pi}{4}d^2 = \frac{3.14}{4} \times 0.8^2 \mathrm{m}^2 = 0.5024\mathrm{m}^2$$

蒸汽在管道中的流速为

$$c = \frac{q_m v}{A} = \frac{1000 \times 10^3 \times 0.0209326}{3600 \times 0.5024}\mathrm{m/s} = 11.574\mathrm{m/s}$$

2. 滞止压力 p_0 和静压力 p 可以用皮托管来测量，利用测得的两种压力的数据可以求出流体的速度。试证明，对于不可压缩流体的速度可以用静压力 p、滞止压力 p_0，以下列形式表示，即

$$c = \sqrt{2v(p_0 - p)}$$

式中，v 为流体的比体积。

【证明】 根据能量方程 $h + \frac{1}{2}c^2 = h_0$，所以有

$$c = \sqrt{2(h_0 - h)} \tag{9-19}$$

又根据

$$q = \Delta h + w_t = \Delta h - \int v \mathrm{d}p = 0$$

因此

$$\Delta h = h_0 - h = \int v \mathrm{d}p = v\int \mathrm{d}p = v(p_0 - p)$$

代入式 (9-19) 得流体的流速为

$$c = \sqrt{2v(p_0 - p)}$$

3. 实际温度为 100℃ 的空气，以 200m/s 的速度沿着管路流动，用水银温度计来测量空气的温度，假定气流在温度计周围完全滞止，求温度计的读数。

提示：温度计前气体流速降为 0，测出的是该气流的滞止温度。

结论：温度计的读数 $t = 119.92℃$。

注意：空气的比定压热容的单位要用 $\mathrm{J/(kg \cdot K)}$。

4. 一陨石以 1200m/s 的速度进入大气层时，大气压力为 70Pa，温度为 150K，求陨石下落的马赫数及空气在陨石上绝热滞止时的温度和压力。

【解】 当地声速为

$$a = \sqrt{\kappa R_g T_1} = \sqrt{1.4 \times 287 \times 150}\,\mathrm{m/s} = 245.50\mathrm{m/s}$$

马赫数为

$$Ma = \frac{c}{a} = \frac{1200}{245.5} = 4.888$$

滞止温度为

$$T_0 = T_1 + \frac{c_1^2}{2c_p} = \left(150 + \frac{1200^2}{2 \times 1004}\right)\mathrm{K} = 867.131\mathrm{K}$$

滞止压力为

$$p_0 = p_1\left(\frac{T_0}{T_1}\right)^{\frac{\kappa}{\kappa-1}} = 70 \times \left(\frac{867.131}{150}\right)^{\frac{1.4}{1.4-1}}\mathrm{Pa} = 32514.354\mathrm{Pa} \approx 32.514\mathrm{kPa}$$

5. 初速不计、压力 $p_1 = 2.5\text{MPa}$、温度 $t_1 = 180℃$ 的空气，经一出口截面面积 $A_2 = 10\text{cm}^2$ 的渐缩喷管流入背压 $p_B = 1.5\text{MPa}$ 的空间，求空气流经喷管后的速度、质量流量以及出口处空气的状态参数 v_2、t_2。

【解】 初速不计，则 $c_1 = 0\text{m/s}$，$T_0 = T_1 = (180+273.15)\text{K} = 453.15\text{K}$，$p_0 = p_1 = 2.5\text{MPa}$。

临界压力为

$$p_{cr} = \beta_{cr}p_0 = 0.528×2.5\text{MPa} = 1.32\text{MPa} < p_B$$

所以，渐缩喷管出口处的压力为 $p_2 = p_B = 1.5\text{MPa}$。

出口处的气流温度为

$$T_2 = T_0\left(\frac{p_2}{p_0}\right)^{\frac{\kappa-1}{\kappa}} = 453.15×\left(\frac{1.5}{2.5}\right)^{\frac{1.4-1}{1.4}}\text{K} = 391.61\text{K}$$

出口处的气流流速为

$$c_2 = \sqrt{2c_p(T_0 - T_2)} = \sqrt{2×1004×(453.15-391.61)}\text{m/s} = 351.53\text{m/s}$$

出口处的比体积为

$$v_2 = \frac{R_gT_2}{p_2} = \frac{287×391.61}{1.5×10^6}\text{m}^3/\text{kg} = 0.07493\text{m}^3/\text{kg}$$

出口处的质量流量为

$$q_m = \frac{A_2c_2}{v_2} = \frac{10×10^{-4}×351.53}{0.07493}\text{kg/s} = 4.691\text{kg/s}$$

出口处的空气温度为

$$t_2 = T_2 - 273.15 = (391.61-273.15)℃ = 118.46℃$$

6. 如果进入喷管的水蒸气状态为 $p_1 = 2\text{MPa}$、$t_1 = 400℃$，喷管出口处的压力 $p_2 = 0.5\text{MPa}$，速度系数 $\varphi = 0.95$，入口速度不计，试求喷管出口处水蒸气的速度和比体积。

【解】 查水蒸气的 $h\text{-}s$ 图，滞止焓 $h_0 = h_1 = 3250\text{kJ/kg}$。

如果气流可逆绝热流动到压力 p_2，在 $h\text{-}s$ 图从滞止点 0 处作一条垂直线与 $p_2 = 0.5\text{MPa}$ 相交，读得此时的焓 $h_2 = 2890\text{kJ/kg}$。

理想出口处的流速为

$$c_2 = \sqrt{2(h_0 - h_2)} = \sqrt{2×(3250-2890)×1000}\text{m/s} = 848.53\text{m/s}$$

喷管出口处的实际流速为

$$c_2' = \varphi c_2 = 0.95×848.53\text{m/s} = 806.1\text{m/s}$$

实际出口处焓为

$$h_2' = h_0 - \frac{1}{2}c_{2'}^2 = \left(3250 - \frac{1}{2}×806.1^2×10^{-3}\right)\text{kJ/kg} = 2925.1\text{kJ/kg}$$

根据 p_2、h_2' 查水蒸气 $h\text{-}s$ 图，读得出口处的比体积 $v_{2'} = 0.46\text{m}^3/\text{kg}$。

注意：查水蒸气 $h\text{-}s$ 图时，h 的单位是 kJ/kg，在利用能量方程计算出口速度时要转化为 J/kg。

7. 压力 $p_1 = 0.1\text{MPa}$、温度 $t_1 = 27℃$ 的空气流经一扩压管时，压力提高到 $p_2 = 0.18\text{MPa}$，问空气进入扩压管时至少应有多大流速？

【解】 空气在扩压管内为可逆绝热流动，出口温度为

$$T_2 = T_1 \left(\frac{p_2}{p_1} \right)^{\frac{\kappa-1}{\kappa}} = (273.15+27) \times \left(\frac{0.18}{0.1} \right)^{\frac{1.4-1}{1.4}} \text{K} = 355.04\text{K}$$

由能量方程 $h_1 + \frac{1}{2}c_1^2 = h_2 + \frac{1}{2}c_2^2$，当扩压管出口处空气流速降为零时，入口处流速为最小。

$$c_1 = \sqrt{2(h_2-h_1)} = \sqrt{2c_p(T_2-T_1)} = \sqrt{2\times1004\times(355.04-300.15)} \, \text{m/s} = 331.99\text{m/s}$$

8. 空气在管内等熵流动，进入渐缩喷管的空气参数为 $p_1 = 0.5\text{MPa}$、$t_1 = 327\text{℃}$、$c_1 = 150\text{m/s}$。若喷管的背压 $p_B = 270\text{kPa}$，出口截面面积 $A_2 = 3.0\text{cm}^2$。求：

1）喷管出口截面处气流的温度 t_2、流速 c_2 及流经喷管的质量流量。

2）马赫数 $Ma = 0.7$ 处的截面面积 A。

3）简要讨论喷管背压 p_B 升高（但仍小于临界压力 p_{cr}）时喷管内的流动状况。设空气可作为理想气体处理，比热容取定值。

【解】　由能量方程 $h_0 = h_1 + \frac{1}{2}c_1^2$，得滞止温度为

$$T_0 = T_1 + \frac{c_1^2}{2c_p} = \left(327 + 273.15 + \frac{150^2}{2\times1004} \right) \text{K} = 611.355\text{K}$$

滞止压力为

$$p_0 = p_1 \left(\frac{T_0}{T_1} \right)^{\frac{\kappa}{\kappa-1}} = 0.5 \times \left(\frac{611.355}{600.15} \right)^{\frac{1.4}{1.4-1}} \text{MPa} = 0.5334\text{MPa}$$

临界压力为

$$p_{cr} = \beta_{cr} p_0 = 0.528 \times 0.5334\text{MPa} = 0.2816\text{MPa} > p_B$$

所以，渐缩喷管出口处的压力为 $p_2 = p_{cr} = 0.2816\text{MPa}$

1）出口处的气流温度为

$$T_2 = T_0 \left(\frac{p_2}{p_0} \right)^{\frac{\kappa-1}{\kappa}} = 611.355 \times 0.528^{\frac{1.4-1}{1.4}} \text{K} = 509.38\text{K}$$

出口处的空气流速为

$$c_2 = \sqrt{2c_p(T_0-T_2)} = \sqrt{2\times1004\times(611.355-509.38)} \, \text{m/s} = 452.51\text{m/s}$$

或者　　$c_2 = a_2 = \sqrt{\kappa R_g T_2} = \sqrt{1.4\times287\times509.38} \, \text{m/s} = 452.4\text{m/s}$

出口处的空气比体积为

$$v_2 = \frac{R_g T_2}{p_2} = \frac{287\times509.38}{0.2816\times10^6} \text{m}^3/\text{kg} = 0.5191\text{m}^3/\text{kg}$$

流经喷管的质量流量为

$$q_m = \frac{A_2 c_2}{v_2} = \frac{3\times10^{-4}\times452.51}{0.5191} \text{kg/s} = 0.2615\text{kg/s}$$

2）设在马赫数 $Ma = 0.7$ 处空气的温度为 T_A，则空气的流速为 $c_A = 0.7\sqrt{\kappa R_g T_A}$。

根据能量方程　　　　　　　　　　　$h_0 = h_A + \frac{1}{2}c_A^2$

$$c_p T_0 = c_p T_A + \frac{1}{2}c_A^2 = c_p T_A + 0.5 \times 0.49 \kappa R_g T_A$$

$$1004 \times 611.355\text{K} = 1004 T_A + 0.5 \times 0.49 \times 1.4 \times 287 T_A$$

解得
$$T_A = 556.76\text{K}$$

马赫数 $Ma = 0.7$ 处气流流速为

$$c_A = 0.7\sqrt{\kappa R_g T_A} = 0.7 \times \sqrt{1.4 \times 287 \times 556.76}\,\text{m/s} = 331\text{m/s}$$

压力为

$$p_A = p_0 \left(\frac{T_A}{T_0}\right)^{\frac{\kappa}{\kappa-1}} = 0.5334 \times \left(\frac{556.76}{611.355}\right)^{\frac{1.4}{1.4-1}}\text{MPa} = 0.3845\text{MPa}$$

比体积为

$$v_A = \frac{R_g T_A}{p_A} = \frac{287 \times 556.76}{0.3845 \times 10^6}\,\text{m}^3/\text{kg} = 0.4156\,\text{m}^3/\text{kg}$$

截面面积为

$$A = \frac{q_m v_A}{c_A} = \frac{0.2615 \times 0.4156}{331}\,\text{m}^2 = 3.283 \times 10^{-4}\,\text{m}^2 = 3.283\,\text{cm}^2$$

9. 空气流经一渐缩喷管，在喷管内某点处压力为 3.43×10^5 Pa，温度为 540℃，速度为 180m/s，截面面积为 0.003 m^2，试求：

1）该点处的滞止压力。

2）该点处的声速及马赫数。

3）喷管出口处的马赫数等于 1 时，求该出口处截面面积。

【解】 1）滞止温度为

$$T_0 = T_A + \frac{c_A^2}{2c_p} = \left(540 + 273.15 + \frac{180^2}{2 \times 1004}\right)\text{K} = 829.285\text{K}$$

滞止压力为

$$p_0 = p_A \left(\frac{T_0}{T_A}\right)^{\frac{\kappa}{\kappa-1}} = 0.343 \times \left(\frac{829.285}{813.15}\right)^{\frac{1.4}{1.4-1}}\text{MPa} = 0.3674\text{MPa}$$

2）该点处的声速为

$$a = \sqrt{\kappa R_g T_A} = \sqrt{1.4 \times 287 \times 813.15}\,\text{m/s} = 571.597\text{m/s}$$

马赫数为

$$Ma = \frac{c_A}{a} = \frac{180}{571.597} = 0.315$$

该点处比体积为

$$v_A = \frac{R_g T_A}{p_A} = \frac{287 \times 813.15}{0.343 \times 10^6}\,\text{m}^3/\text{kg} = 0.6804\,\text{m}^3/\text{kg}$$

喷管内空气质量流量为

$$q_m = \frac{A c_A}{v_A} = \frac{0.003 \times 180}{0.6804}\,\text{kg/s} = 0.7937\text{kg/s}$$

3）出口处 $Ma_2 = 1$，$c_2 = a_2 = \sqrt{\kappa R_g T_2}$。

由能量方程
$$h_0 = h_2 + \frac{1}{2}c_2^2$$

对于理想气体有
$$c_p T_0 = c_p T_2 + 0.5c_2^2 = c_p T_2 + 0.5\kappa R_g T_2$$

代入数据，解得出口处温度 $\quad T_2 = 691.071\text{K}$

出口处的流速为
$$c_2 = \sqrt{2c_p(T_0 - T_2)} = \sqrt{2 \times 1004 \times (829.285 - 691.071)}\text{m/s} = 526.815\text{m/s}$$

出口处的压力为
$$p_2 = p_0\left(\frac{T_2}{T_0}\right)^{\frac{\kappa}{\kappa-1}} = 0.3674 \times \left(\frac{691.071}{829.285}\right)^{\frac{1.4}{1.4-1}}\text{MPa} = 0.194\text{MPa}$$

出口处的比体积为
$$v_2 = \frac{R_g T_2}{p_2} = \frac{287 \times 691.071}{0.194 \times 10^6}\text{m}^3/\text{kg} = 1.022\text{m}^3/\text{kg}$$

出口处截面面积为
$$A_2 = \frac{q_m v_2}{c_2} = \frac{0.7937 \times 1.022}{526.815}\text{m}^2 = 0.00154\text{m}^2 = 15.4\text{cm}^2$$

10. 喷管进口处的空气状态参数 $p_1 = 0.15\text{MPa}$、$t_1 = 27℃$、流速 $c_1 = 150\text{m/s}$，喷管出口背压 $p_B = 0.1\text{MPa}$，喷管内的质量流量为 0.2kg/s。设空气在喷管内进行可逆绝热膨胀，试求：

1）喷管应设计为什么形状（渐缩型、渐扩型、缩放型）。

2）喷管出口截面处的流速、截面面积。

【解】 1）滞止温度为
$$T_0 = T_1 + \frac{c_1^2}{2c_p} = \left(27 + 273.15 + \frac{150^2}{2 \times 1004}\right)\text{K} = 311.355\text{K}$$

滞止压力为
$$p_0 = p_1\left(\frac{T_0}{T_1}\right)^{\frac{\kappa}{\kappa-1}} = 0.15 \times \left(\frac{311.355}{300.15}\right)^{\frac{1.4}{1.4-1}}\text{MPa} = 0.1705\text{MPa}$$

$$p_{cr} = \beta_{cr} p_0 = 0.528 \times 0.1705\text{MPa} = 0.090\text{MPa} < p_B$$

所以，喷管设计为渐缩型，且 $p_2 = 0.1\text{MPa}$。

2）出口气流的温度为
$$T_2 = T_0\left(\frac{p_2}{p_0}\right)^{\frac{\kappa-1}{\kappa}} = 311.355 \times \left(\frac{0.1}{0.1705}\right)^{\frac{1.4-1}{1.4}}\text{K} = 267.33\text{K}$$

出口气流的流速为
$$c_2 = \sqrt{2c_p(T_0 - T_2)} = \sqrt{2 \times 1004 \times (311.355 - 267.33)}\text{m/s} = 297.325\text{m/s}$$

出口处的比体积为
$$v_2 = \frac{R_g T_2}{p_2} = \frac{287 \times 267.33}{0.1 \times 10^6}\text{m}^3/\text{kg} = 0.767\text{m}^3/\text{kg}$$

出口处截面面积为
$$A_2 = \frac{q_m v_2}{c_2} = \frac{0.2 \times 0.767}{297.325}\text{m}^2 = 0.000516\text{m}^2 = 5.16\text{cm}^2$$

11. 设计一缩放喷管，使其在出口产生马赫数 $Ma = 4.0$ 及 $p_2 = 0.1\mathrm{MPa}$ 的空气流，其滞止温度为 $550℃$，出口面积 $A_2 = 6\mathrm{cm}^2$，试计算喉部截面面积及质量流量。

【解】 设出口处空气温度为 T_2，则出口流速为 $c_2 = 4a_2 = 4\sqrt{\kappa R_g T_2}$。

由能量方程
$$h_0 = h_2 + \frac{1}{2}c_2^2$$

对于理想气体有
$$c_p T_0 = c_p T_2 + 0.5 c_2^2 = c_p T_2 + 8\kappa R_g T_2$$

代入数据，解得出口处温度 $T_2 = 195.91\mathrm{K}$

出口气流流速为
$$c_2 = \sqrt{2c_p(T_0 - T_2)} = \sqrt{2 \times 1004 \times (823.15 - 195.91)}\,\mathrm{m/s} = 1122.27\mathrm{m/s}$$

或者
$$c_2 = 4a_2 = 4\sqrt{kR_g T_2} = 4 \times \sqrt{1.4 \times 287 \times 195.91}\,\mathrm{m/s} = 1122.26\mathrm{m/s}$$

出口气流比体积为
$$v_2 = \frac{R_g T_2}{p_2} = \frac{287 \times 195.91}{0.1 \times 10^6}\,\mathrm{m^3/kg} = 0.5623\mathrm{m^3/kg}$$

空气质量流量为
$$q_m = \frac{A_2 c_2}{v_2} = \frac{0.0006 \times 1122.27}{0.5623}\,\mathrm{kg/s} = 1.1975\mathrm{kg/s}$$

滞止压力为
$$p_0 = p_2 \left(\frac{T_0}{T_2}\right)^{\frac{\kappa}{\kappa-1}} = 0.1 \times \left(\frac{823.15}{195.91}\right)^{\frac{1.4}{1.4-1}}\,\mathrm{MPa} = 15.205\mathrm{MPa}$$

喉部截面处压力为
$$p_{cr} = \beta_{cr} p_0 = 0.528 \times 15.205\mathrm{MPa} = 8.028\mathrm{MPa}$$

喉部截面处温度为
$$T_{cr} = T_0 (0.528)^{\frac{\kappa-1}{\kappa}} = 823.15 \times 0.528^{\frac{1.4-1}{1.4}}\,\mathrm{K} = 685.85\mathrm{K}$$

喉部截面处比体积为
$$v_{cr} = \frac{R_g T_{cr}}{p_{cr}} = \frac{287 \times 685.85}{8.028 \times 10^6}\,\mathrm{m^3/kg} = 0.0245\mathrm{m^3/kg}$$

喉部截面处流速为
$$c_{cr} = \sqrt{\kappa R_g T_{cr}} = \sqrt{1.4 \times 287 \times 685.85}\,\mathrm{m/s} = 524.95\mathrm{m/s}$$

喉部截面面积为
$$A_{cr} = \frac{q_m v_{cr}}{c_{cr}} = \frac{1.1975 \times 0.0245}{524.95}\,\mathrm{m^2} = 5.589 \times 10^{-5}\mathrm{m^2} = 0.5589\mathrm{cm^2}$$

12. 考虑到飞机蒙皮材料在高速时能耐受的温度而对高速飞机加一些设计限制，对于一个给定的速度，飞机蒙皮的最高耐受温度就是滞止温度。若当在 $t = -45℃$，$p = 0.1\mathrm{MPa}$ 的高空环境飞行时，允许的最高蒙皮温度为 $370℃$，问最大飞行速度为多少？

提示：空气流过飞机蒙皮材料时速度降为 0，为滞止状态。由能量方程可求得最大飞行速度。

13. 设计一个小型超声速风洞，其试验段的空气流参数为 $Ma = 2.0$、$t = -45℃$、$p = 14\text{kPa}$，流动面积为 0.1m^2，此空气流是用一个高压箱的排气通过一拉伐尔喷管而建立起来的，试问在箱中要求什么样的滞止参数？所需的空气质量流量为多少？并计算喷管喉部面积。

【解】 试验段空气流速为

$$c = 2.0 \times \sqrt{\kappa R_g T} = 2.0 \times \sqrt{1.4 \times 287 \times (273.15 - 45)}\ \text{m/s} = 605.54\ \text{m/s}$$

试验段空气比体积为

$$v = \frac{R_g T}{p} = \frac{287 \times 228.15}{14 \times 10^3}\ \text{m}^3/\text{kg} = 4.677\ \text{m}^3/\text{kg}$$

滞止温度为

$$T_0 = T + \frac{c^2}{2c_p} = \left(273.15 - 45 + \frac{605.54^2}{2 \times 1004}\right)\ \text{K} = 410.76\ \text{K}$$

滞止压力为

$$p_0 = p\left(\frac{T_0}{T}\right)^{\frac{\kappa}{\kappa-1}} = 0.014 \times \left(\frac{410.76}{228.15}\right)^{\frac{1.4}{1.4-1}}\ \text{MPa} = 0.1096\ \text{MPa}$$

空气质量流量为

$$q_m = \frac{Ac}{v} = \frac{0.1 \times 605.54}{4.677}\ \text{kg/s} = 12.947\ \text{kg/s}$$

喉部截面处压力为

$$p_{cr} = \beta_{cr} p_0 = 0.528 \times 0.1096\ \text{MPa} = 0.0579\ \text{MPa}$$

喉部截面处温度为

$$T_{cr} = T_0 \beta_{cr}^{\frac{\kappa-1}{\kappa}} = 410.76 \times 0.528^{\frac{1.4-1}{1.4}}\ \text{K} = 342.248\ \text{K}$$

喉部截面处比体积为

$$v_{cr} = \frac{R_g T_{cr}}{p_{cr}} = \frac{287 \times 342.248}{0.0579 \times 10^6}\ \text{m}^3/\text{kg} = 1.696\ \text{m}^3/\text{kg}$$

喉部截面处流速为

$$c_{cr} = \sqrt{\kappa R_g T_{cr}} = \sqrt{1.4 \times 287 \times 342.248}\ \text{m/s} = 370.83\ \text{m/s}$$

喉部截面面积为

$$A_{cr} = \frac{q_m v_{cr}}{c_{cr}} = \frac{12.947 \times 1.696}{370.83}\ \text{m}^2 = 0.059\ \text{m}^2$$

14. 空气流经渐缩喷管出口截面时，其马赫数 $Ma = 1$，压力 $p_2 = 0.12\text{MPa}$，温度 $t_2 = 27℃$，若喷管出口截面面积 $A_2 = 0.4\text{cm}^2$，求流经喷管的空气的质量流量。

【解】 略。

15. 有一压气机试验站，为测定流经空气压气机的流量，在储气筒上装一只出口截面面积为 4cm^2 的渐缩喷管，空气排向压力为 0.1MPa 的大气。已知储气筒中空气的压力为 0.7MPa，温度为 $60℃$，喷管的速度系数 $\varphi = 0.96$，空气的比定压热容 $c_p = 1.004\text{kJ/(kg·K)}$，试求流经喷管的空气流量。

【解】 忽略初速度，滞止温度 $T_0 = T_1 = 333.15\mathrm{K}$，滞止压力 $p_0 = p_1 = 0.7\mathrm{MPa}$，则

$$p_{cr} = \beta_{cr} p_0 = 0.528 \times 0.7\mathrm{MPa} = 0.3696\mathrm{MPa} > p_B$$

所以，渐缩喷管出口处的压力 $p_2 = p_{cr} = 0.3696\mathrm{MPa}$。

可逆绝热流动出口气流温度为

$$T_2 = T_0 \left(\frac{p_2}{p_0} \right)^{\frac{\kappa-1}{\kappa}} = 333.15 \times 0.528^{\frac{1.4-1}{1.4}} \mathrm{K} = 277.583\mathrm{K}$$

实际出口气流流速为

$$c_{2'} = \varphi c_2 = \varphi \sqrt{2c_p(T_0 - T_2)} = 0.96 \times \sqrt{2 \times 1004 \times (333.15 - 277.583)}\,\mathrm{m/s} = 320.67\mathrm{m/s}$$

实际出口气流温度为

$$T_{2'} = T_0 - \frac{c_{2'}^2}{2c_p} = \left(333.15 - \frac{320.67^2}{2 \times 1004} \right)\mathrm{K} = 281.94\mathrm{K}$$

实际出口空气比体积为

$$v_{2'} = \frac{R_g T_{2'}}{p_2} = \frac{287 \times 281.94}{0.3696 \times 10^6}\,\mathrm{m^3/kg} = 0.2189\mathrm{m^3/kg}$$

流经喷管的质量流量为

$$q_m = \frac{A_2 c_{2'}}{v_{2'}} = \frac{4 \times 10^{-4} \times 320.67}{0.2189}\,\mathrm{kg/s} = 0.586\mathrm{kg/s}$$

16. 空气由输气管送来，管端接一出口截面面积 $A_2 = 8\mathrm{cm}^2$ 的渐缩喷管，进入喷管前空气压力 $p_1 = 2.5\mathrm{MPa}$，温度 $T_1 = 353\mathrm{K}$，速度 $c_1 = 35\mathrm{m/s}$。已知喷管出口处背压 $p_B = 1.5\mathrm{MPa}$，空气可作为理想气体，比热容取定值，且 $c_p = 1.004\mathrm{kJ/(kg \cdot K)}$。

1）计算滞止参数，并分析初速的影响。

2）确定出口截面上是否达到临界，确定压力 p_2、比体积 v_2、温度 T_2。

3）确定空气流经喷管射出的速度、流量。

【解】 1）滞止温度为

$$T_0 = T_1 + \frac{c_1^2}{2c_p} = \left(353 + \frac{35^2}{2 \times 1004} \right)\mathrm{K} = 353.61\mathrm{K}$$

滞止压力为

$$p_0 = p_1 \left(\frac{T_0}{T_1} \right)^{\frac{\kappa}{\kappa-1}} = 2.5 \times \left(\frac{353.61}{353} \right)^{\frac{1.4}{1.4-1}} \mathrm{MPa} = 2.515\mathrm{MPa}$$

如果初速度为零，则 $T_0 = T_1 = 353\mathrm{K}$，$p_0 = p_1 = 2.5\mathrm{MPa}$，比较可见，当初速度数值较小时，可看作滞止状态。

2）$p_{cr} = \beta_{cr} p_0 = 0.528 \times 2.515\mathrm{MPa} = 1.328\mathrm{MPa} < p_B$

所以，出口截面上没有达到临界，出口处的压力为 $p_2 = p_B = 1.5\mathrm{MPa}$。

出口气流温度为

$$T_2 = T_0 \left(\frac{p_2}{p_0} \right)^{\frac{\kappa-1}{\kappa}} = 353.61 \times \left(\frac{1.5}{2.515} \right)^{\frac{1.4-1}{1.4}} \mathrm{K} = 305.07\mathrm{K}$$

出口空气比体积为

$$v_2 = \frac{R_g T_2}{p_2} = \frac{287 \times 305.07}{1.5 \times 10^6} \text{m}^3/\text{kg} = 0.0584 \text{m}^3/\text{kg}$$

3）出口气流流速为

$$c_2 = \sqrt{2c_p(T_0 - T_2)} = \sqrt{2 \times 1004 \times (353.61 - 305.07)} \text{m/s} = 312.2 \text{m/s}$$

流经喷管的质量流量为

$$q_m = \frac{A_2 c_2}{v_2} = \frac{8 \times 10^{-4} \times 312.2}{0.0584} \text{kg/s} = 4.277 \text{kg/s}$$

17. 空气可逆绝热地流经渐缩喷管，测得某截面上的压力为 0.3MPa，温度为 350K，速度为 180m/s，截面面积为 $9 \times 10^{-3} \text{m}^2$。试求：

1）截面上的马赫数、流量。

2）滞止压力、滞止温度。

3）如果出口达到声速，求出口截面的速度、温度、压力。

【解】 略。

18. 压力为 0.1MPa、温度为 30℃、流速不计的空气，经压气机绝热压缩，再经一个换热器等压放热，每千克空气的放热量为 10kJ，然后流经一个出口截面面积为 5cm^2 的喷管，喷管出口处压力为 0.1MPa，温度为 30℃，流速为 310m/s。求空气的质量流量及压气机消耗的功率（kW）。

【解】 1）空气在喷管出口处的比体积为

$$v_2 = \frac{R_g T_2}{p_2} = \frac{287 \times 303.15}{0.1 \times 10^6} \text{m}^3/\text{kg} = 0.87 \text{m}^3/\text{kg}$$

空气的质量流量为

$$q_m = \frac{A_2 c_2}{v_2} = \frac{5 \times 10^{-4} \times 310}{0.87} \text{kg/s} = 0.178 \text{kg/s}$$

2）由稳定流动能量方程 $q = \Delta h + w_i + \frac{1}{2}(c_2^2 - c_1^2)2 + g(z_2 - z_1)$，其中 $q = -10\text{kJ/kg}$，$\Delta h = 0$，$g(z_2 - z_1) = 0$。

所以，可得单位质量空气消耗的压缩功为

$$w_i = q - \frac{1}{2}c_2^2 = \left(-10 \times 10^3 - \frac{1}{2} \times 310^2\right) \text{J/kg} = -58050\text{J/kg}$$

压气机消耗的功率为

$$P_c = 0.178 \times 58050\text{W} = 10332.9\text{W} = 10.333\text{kW}$$

整体思维：本题中，并不知道压气机是否可逆，也不知道空气在喷管内的膨胀是否等熵，也不知道喷管入口处的压力。但是，空气流经整个装置前后压力温度均不变，根据能量守恒，可以理解为压气机消耗的功转变为散热以及最后变为气体的动能。

19. 空气以 $260\text{kg/(m}^2 \cdot \text{s})$ 的质量流率（单位面积上的质量流量）在一等截面管道内做稳定绝热流动。已知在某一截面上的压力为 0.5MPa，温度为 30℃，下游另一截面上的压力为 0.2MPa。若比热容为定值，且 $c_p = 1.004\text{kJ/(kg} \cdot \text{K)}$，试求下游截面上空气的流速是多大？

【解】 由于空气为稳定流动，各个截面上的质量流率相等，且

$$\frac{c_1}{v_1} = \frac{c_2}{v_2} = 260 \text{kg}/(\text{m}^2 \cdot \text{s})$$

所以上、下游截面上空气的流速为

$$c_1 = 260 v_1 = \frac{260 R_g T_1}{p_1} = \frac{260 \times 287 \times (30 + 273.15)}{0.5 \times 10^6} \text{m/s} = 45.242 \text{m/s}$$

$$c_2 = 260 v_2 = \frac{260 R_g T_2}{p_2} = \frac{260 \times 287}{0.2 \times 10^6} T_2 = 0.3731 T_2$$

根据稳定流动能量方程式

$$h_1 + \frac{1}{2} c_1^2 = h_2 + \frac{1}{2} c_2^2$$

即

$$c_p T_1 + \frac{1}{2} c_1^2 = c_p T_2 + \frac{1}{2} c_2^2$$

$$1004 \times 303.15 + \frac{1}{2} \times 45.242^2 = 1004 T_2 + \frac{1}{2} \times (0.3731 T_2)^2$$

即

$$0.0696 T_2^2 + 1004 T_2 - 305386.02 = 0$$

解得

$$T_2 = 298.013 \text{K}$$

下游截面上空气的流速为

$$c_2 = 0.3731 T_2 = 0.3731 \times 298.013 \text{m/s} = 111.19 \text{m/s}$$

注意：此题没有说明是可逆绝热流动，所以不能采用理想气体可逆绝热过程的计算公式，但是，不管可逆还是不可逆，肯定满足能量守恒方程。

20. 蒸发量 $D = 500 \text{t/h}$ 的锅炉，对外供给压力 $p = 10 \text{MPa}$、干度 $x = 0.95$ 的湿饱和蒸汽。为了防备一旦外界停止用汽时锅炉压力过高而发生事故，在汽包上共装有 2 只安全阀，要求在外界突然完全停止用汽时，足以保证将锅炉产生的蒸汽排出，从而保证锅炉内压力不变。安全阀的结构如图 9-2 所示，可以近似将安全阀当作一个拉伐尔喷管来处理。如果大气压力为 0.1MPa，并设湿饱和蒸汽的临界压力比为 0.577，不计流动过程中的摩擦阻力，试求安全阀的最小截面面积。

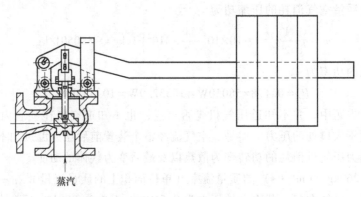

蒸汽

图 9-2　杠杆式安全阀

提示：喉部处于临界状态，$p_{cr} = 0.577 \text{MPa}$　$p_0 = 5.77 \text{MPa}$

利用水蒸气 $h\text{-}s$ 图，由 $p = 10\text{MPa}$、干度 $x = 0.95$ 读出入口处蒸汽比焓，并从该点作一条垂直线交 $p_{cr} = 5.77\text{MPa}$ 线，读出喉部蒸汽比焓和比体积。需要注意，将查得比焓值的单位由 kJ/kg 转化为 J/kg 再计算。

21. 如图 9-3 所示，一渐缩喷管经一可调阀门与空气罐连接。气罐中参数恒定为 $p_a = 500\text{kPa}$、$t_a = 43℃$，喷管外大气压力 $p_B = 100\text{kPa}$，温度 $t_0 = 27℃$，喷管出口截面面积为 68cm^2。设空气的气体常数 $R_g = 287\text{J}/(\text{kg} \cdot \text{K})$，等熵指数 $\kappa = 1.4$。试求：

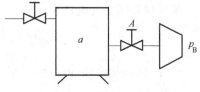

1）阀门 A 完全开启时（假设无阻力），求流经喷管的空气流量是多少？

图 9-3　计算题 21 图

2）关小阀门 A，使空气经阀门后压力降为 150kPa，求流经喷管的空气流量，以及因节流引起的做功能力损失是多少？并将此流动过程及损失表示在 $T\text{-}s$ 图上。

【解】　忽略入口流速。

1）阀门 A 完全开启时：

喷管入口处参数：$p_1 = p_a = 500\text{kPa}$，$t_1 = t_a = 43℃$。

临界压力 $p_{cr} = \beta_{cr} p_1 = 0.528 \times 500\text{kPa} = 264\text{kPa} > p_B$。

所以，出口截面上达到临界，出口处的压力为 $p_2 = p_{cr} = 264\text{kPa}$。

出口气流温度为

$$T_2 = T_{cr} = T_1 \left(\frac{p_{cr}}{p_1} \right)^{\frac{\kappa-1}{\kappa}} = 316.15 \times 0.528^{\frac{1.4-1}{1.4}}\text{K} = 263.42\text{K}$$

出口空气比体积为

$$v_2 = \frac{R_g T_2}{p_2} = \frac{287 \times 263.42}{264 \times 10^3}\text{m}^3/\text{kg} = 0.2864\text{m}^3/\text{kg}$$

出口气流流速为

$$c_2 = \sqrt{\kappa R_g T_{cr}} = \sqrt{1.4 \times 287 \times 263.42}\text{m/s} = 325.33\text{m/s}$$

流经喷管的空气流量为

$$q_m = \frac{A_2 c_2}{v_2} = \frac{68 \times 10^{-4} \times 325.33}{0.2864}\text{kg/s} = 7.72\text{kg/s}$$

2）关小阀门 A 时相当于绝热节流。

喷管入口处参数：$p_1' = 150\text{kPa}$，$t_1 = 43℃$。

临界压力为

$$p_{cr} = \beta_{cr} p_1' = 0.528 \times 150\text{kPa} = 79.2\text{kPa} < p_B$$

所以，出口截面上没有达到临界，出口处的压力为 $p_2' = p_B = 100\text{kPa}$。

出口气流温度为

$$T_2' = T_1 \left(\frac{p_2'}{p_1'} \right)^{\frac{\kappa-1}{\kappa}} = 316.15 \times \left(\frac{100}{150} \right)^{\frac{1.4-1}{1.4}}\text{K} = 281.57\text{K}$$

出口空气比体积为

$$v_2' = \frac{R_g T_2'}{p_2'} = \frac{287 \times 281.57}{100 \times 10^3} \text{m}^3/\text{kg} = 0.8081 \text{m}^3/\text{kg}$$

出口气流流速为

$$c_2' = \sqrt{2c_p(T_1 - T_2')} = \sqrt{2 \times 1004 \times (316.15 - 281.57)} \text{m/s} = 263.51 \text{m/s}$$

流经喷管的空气流量为

$$q_m' = \frac{A_2 c_2'}{v_2'} = \frac{68 \times 10^{-4} \times 263.51}{0.8081} \text{kg/s} = 2.217 \text{kg/s}$$

空气因节流引起的做功能力损失为

$$I = T_0 s_g = T_0 \Delta s = -T_0 R_g \ln \frac{p_1'}{p_1} = -300.15 \times 0.287 \times \ln \frac{150}{500} \text{kJ/kg} = 103.71 \text{kJ/kg}$$

在 $T\text{-}s$ 图上表示：略。

22. 设计一个通过水蒸气的喷管，已知流入喷管是初速可不计、压力为 0.5MPa 的干饱和蒸汽，喷管出口截面处的压力必须保证 $p_2 = 0.1$MPa，设蒸汽在喷管中进行等熵膨胀流动，而质量流量为 2000kg/h，问应采用什么形状的喷管？求该喷管主要截面的面积。

【解】 据题意：初速可不计，$p_1 = 0.5$MPa，$p_2 = 0.1$MPa，临界压比 $\beta_{cr} = 0.577$。

临界压力为

$$p_{cr} = \beta_{cr} p_1 = 0.577 \times 0.5 \text{MPa} = 0.2885 \text{MPa} > p_B$$

所以，采用缩放喷管，且出口处的压力为 $p_2 = p_B = 0.1$MPa。

蒸汽在喷管中进行等熵膨胀流动，查 $h\text{-}s$ 图：$h_1 = 2752$kJ/kg，$h_{cr} = 2645$kJ/kg，$h_2 = 2478$kJ/kg，$v_{cr} = 0.64 \text{m}^3/\text{kg}$，$v_2 = 1.55 \text{m}^3/\text{kg}$。

临界截面流速为

$$c_{cr} = \sqrt{2(h_1 - h_{cr})} = \sqrt{2 \times (2752 - 2645) \times 1000} \text{m/s} = 462.601 \text{m/s}$$

临界截面面积为

$$A_{cr} = \frac{q_m v_{cr}}{c_{cr}} = \frac{2000 \times 0.64}{3600 \times 462.601} \text{m}^2 = 0.000769 \text{m}^2 = 7.69 \text{cm}^2$$

出口截面流速为

$$c_2 = \sqrt{2(h_1 - h_2)} = \sqrt{2 \times (2752 - 2478) \times 1000} \text{m/s} = 740.270 \text{m/s}$$

出口截面面积为

$$A_2 = \frac{q_m v_2}{c_2} = \frac{2000 \times 1.55}{3600 \times 740.270} \text{m}^2 = 0.001163 \text{m}^2 = 11.63 \text{cm}^2$$

23. 水蒸气的初态参数为 3.5MPa、450℃，经调节阀门节流后压力降为 2.2MPa，再进入一缩放喷管内等熵流动，出口处压力为 0.1MPa，质量流量为 12kg/s，喷管入口处初速可略去不计。试求：

1）喷管出口处的流速及温度。

2）喷管出口及喉部截面面积。

3）将整个过程表示在 $h\text{-}s$ 图上。

【解】 喷管入口处初速可略去不计。

1）节流后：$p_1 = 2.2$MPa，$h_1 = 3340$kJ/kg，查 $h\text{-}s$ 图，喷管出口处参数：$h_2 = 2625$kJ/kg，

$v_2 = 1.63\mathrm{m}^3/\mathrm{kg}$，$t_2 = 100℃$。

出口处流速为

$$c_2 = \sqrt{2(h_1 - h_2)} = \sqrt{2 \times (3340 - 2625) \times 1000}\,\mathrm{m/s} = 1195.83\mathrm{m/s}$$

2）出口截面面积

$$A_2 = \frac{q_m v_2}{c_2} = \frac{12 \times 1.63}{1195.83}\mathrm{m}^2 = 0.0164\mathrm{m}^2$$

蒸汽处于过热蒸汽区，因此临界压比 $\beta_{cr} = 0.546$，临界压力为

$$p_{cr} = \beta_{cr} p_1 = 0.546 \times 2.2\mathrm{MPa} = 1.2012\mathrm{MPa}$$

查 h-s 图得 $h_{cr} = 3162\mathrm{kJ/kg}$，$v_{cr} = 0.23\mathrm{m}^3/\mathrm{kg}$。

喉部临界流速为

$$c_{cr} = \sqrt{2 \times (3340 - 3162) \times 1000}\,\mathrm{m/s} = 596.66\mathrm{m/s}$$

喉部截面面积为

$$A_{cr} = \frac{q_m v_{cr}}{c_{cr}} = \frac{12 \times 0.23}{596.66}\mathrm{m}^2 = 0.0046\mathrm{m}^2$$

3）h-s 图：略。

第 10 章

制冷与热泵循环

10.1 本章知识要点

1. 压缩空气制冷循环

压缩空气制冷循环的 p-v 图和 T-s 图如图 10-1 所示。

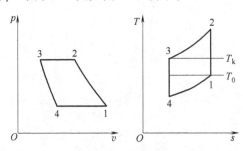

图 10-1 压缩空气制冷循环的 p-v 图和 T-s 图

压缩空气制冷循环的制冷系数为

$$\varepsilon = \frac{1}{\pi^{\frac{\kappa-1}{\kappa}} - 1} \tag{10-1}$$

若压缩空气制冷循环中空气的质量流量为 $q_m(\mathrm{kg/s})$，则循环的制冷量为

$$\dot{Q}_0 = q_m q_0 = q_m c_p (T_1 - T_4) \tag{10-2}$$

2. 压缩蒸气制冷循环

压缩蒸气制冷循环的 T-s 图如图 10-2 所示。

单位质量工质在蒸发器中吸收的热量（制冷量）为

$$q_0 = h_1 - h_4 = h_1 - h_3 \tag{10-3}$$

单位质量工质消耗的循环净功为

$$w_{\mathrm{net}} = h_2 - h_1 \tag{10-4}$$

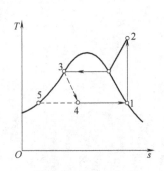

图 10-2 压缩蒸气制
冷循环的 T-s 图

循环的制冷系数为

$$\varepsilon = \frac{q_0}{w_{net}} = \frac{h_1 - h_3}{h_2 - h_1} \tag{10-5}$$

3. 压缩蒸气制冷循环的压焓图

$p\text{-}h$ 图是以制冷剂的比焓作为横坐标，以压力为纵坐标，但为了缩小图面，压力不是等刻度分格，而是采用对数分格（需要注意，从图上读取的仍是压力值，而不是压力的对数值）。

4. 蒸气吸收式制冷循环

吸收式制冷与喷射式制冷一样，是以消耗热能而达到制冷的目的的。吸收式制冷机主要由发生器、冷凝器、节流机构、蒸发器和吸收器等组成。它所采用的循环工质通常称为"工质对"，有氨-水溶液（氨为制冷剂，水为吸收剂）或水-溴化锂溶液（水为制冷剂，溴化锂为吸收剂）。

5. 热泵

热泵装置消耗一部分高品质能量作为补偿，从自然环境（这里的自然环境可以是地表水、地下水、空气、土壤以及中水、工业余热等）中吸取热量，并把它输送到人们所需要温度较高的物体中去。

图 10-3 所示为电驱动的压缩式水源热泵工作原理和 $T\text{-}s$ 图。

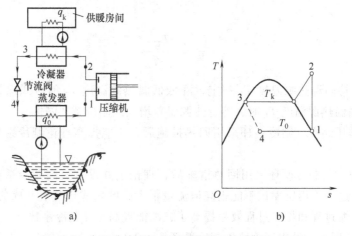

图 10-3 电驱动的压缩式水源热泵工作原理和 $T\text{-}s$ 图

热泵循环的经济性用供热系数（或称为热泵系数、供暖系数）来表示，即

$$\varepsilon' = \frac{\text{收获}}{\text{代价}} = \frac{q_k}{w} = \frac{h_2 - h_3}{h_2 - h_1} \tag{10-6}$$

10.2 习题解答

10.2.1 简答题

1. 压缩蒸气制冷循环与压缩空气制冷循环相比有哪些优点？为什么有时候还要用压缩

空气制冷循环？

【答】 压缩蒸气制冷循环在吸热和放热阶段均有相变，即可以部分实现等温吸热和等温放热，因此制冷系数比较高。另外，压缩蒸气制冷循环每千克工质产生的制冷量通常比压缩空气制冷循环大，因此，需要的制冷设备小。

由于空气作为工质不会消耗臭氧、无毒，且凝固温度低，所以在飞机制冷及低温制冷时还需要用压缩空气制冷。

2. 节流制冷和膨胀机制冷各有什么特点？

【答】 略，见主教材。

3. 在吸收式制冷循环中，吸收器的目的是使饱和蒸气变为液体。有人提出了一个设想，即不用吸收剂，而采用大流量的低温冷却水，同样也可以使饱和蒸气液化，通过水泵加压后到蒸气发生器中，再加入热能，使工质汽化。依此，同样可以达到制冷的目的。试问这个设想可以实现吗？为什么？

【答】 这个设想不能实现。因为从蒸发器出来的饱和蒸气的温度通常等于冷藏室的温度，要想使它液化，需要冷却水的温度更低，这就要求另外有一制冷机产生低温冷却水。

4. 对逆向卡诺循环而言，冷、热源温差越大，制冷系数是越大还是越小？为什么？

【答】 逆向卡诺循环的冷、热源温差越大，制冷系数越小。从逆向卡诺循环制冷系数公式可以分析：

$$\eta_c = \frac{T_2}{T_1 - T_2}$$

可见，当保持高温热源温度 T_1 一定，降低低温热源温度 T_2 时，或保持低温热源温度 T_2 一定，增加高温热源温度 T_1 时，冷、热源温差增大，制冷系数降低。

5. 如何理解压缩空气制冷循环采用回热措施后，不能提高理论制冷系数，却能提高实际制冷系数？

【答】 压缩空气制冷循环采用回热措施后，理论上并没有提高制冷系数，但是循环的增压比降低了。这为采用压缩比不能很高但流量很大的叶轮式压气机和膨胀机提供了条件，也就是说实际压缩过程和膨胀过程效率提高了，故能提高实际制冷系数。

6. 如图 10-2 所示，设想压缩蒸气制冷循环按 1-2-3-5-1 运行，与循环 1-2-3-4-1 相比，循环的净耗功未变，仍为 $h_2 - h_1$，而制冷量却从 $h_1 - h_4$ 增加到 $h_1 - h_5$，这看起来是有利的。这种考虑错误何在？

【答】 在图 10-2 所示的制冷循环中，2-3 是工质向高温热源（环境）散热的过程，理论情况下可将 3 点温度降到环境温度，不可能降到比环境温度还低的 5 点温度。

7. 试比较蒸气压缩制冷循环在 T-s 图和 p-h 图上的区别？

【答】 略。

8. 既然热泵的供热量总大于电热供热量，那么是否可用热泵代替所有的电加热器，以节省电能？为什么？

【答】 主要是成本问题。电加热器很简单，成本很低，而热泵系统设备复杂，投资成本高，还有运行成本、维修成本、噪声等，所以不能用热泵代替所有的电加热器。

10.2.2 填空题

1. 理想压缩空气制冷循环，若循环增压比为5，则制冷系数为_____。

2. 理想压缩空气制冷循环，压气机入口温度为5℃，出口温度为80℃，则制冷系数为_____。

3. 在吸收式制冷循环中，通常采用氨气和_____构成工质对，其中_____是吸收剂；也可以采用溴化锂和_____构成工质对，其中_____是吸收剂。

答案：1. 1.713；2. 3.71；3. 水，水，水，溴化锂。

10.2.3 判断题

1. 为了节约能源，夏季空调房内温度不宜设置过低。（   ）

2. 理想压缩空气制冷循环中，增压比越大，制冷系数越高。（   ）

3. 压缩空气制冷循环是利用膨胀机做功达到制冷效果的。（   ）

4. 压缩蒸气制冷循环需要的设备尺寸比压缩空气制冷循环要小。（   ）

5. 火力发电厂可以实现冷热电三联产。（   ）

6. 高温热源的温度越高，低温热源的温度越低，则正向循环的热效率越高，逆向循环的制冷系数越低。（   ）

7. 压缩空气制冷循环增压比越大，制冷系数越大，单位质量工质制冷量越大。（   ）

答案：1. √；2. ×；3. √；4. √；5. √；6. √；7. ×。

10.2.4 计算题

1. 在商业上还用"冷吨"表示制冷量的大小，1"冷吨"表示1t 0℃的水在24h冷冻到0℃冰所需要的制冷量。试证明1冷吨=3.86kJ/s。已知在1atm（101325Pa）下冰的融化热为333.4kJ/kg。

【证明】 1冷吨=333.4kJ/kg×1t/24h=333.4×1000/（24×3600）kJ/s=3.86kJ/s

2. 一制冷机工作在250K和300K之间，制冷率为$\dot{Q}_2 = 20$kW，制冷系数是同温限逆向卡诺循环制冷系数的50%，试计算该制冷机耗功率是多少？

【解】 250K和300K之间逆向卡诺循环制冷系数为

$$\varepsilon_c = \frac{T_c}{T_0 - T_c} = \frac{250}{300 - 250} = 5$$

制冷机的制冷系数为

$$\varepsilon = 0.5\varepsilon_c = 0.5 \times 5 = 2.5$$

该制冷机耗功率为

$$P = \frac{\dot{Q}_2}{\varepsilon} = \frac{20}{2.5}\text{kW} = 8\text{kW}$$

3. 一压缩空气制冷循环（图10-4），已知压气机入口$t_1 = -10$℃，$p_1 = 0.1$MPa，循环增压比$\pi = 5$，冷却器出口$t_3 = 20$℃，设$c_p = 1.004$kJ/（kg·K），$k = 1.4$。求循环的制冷系数ε和制冷量q_0。

【解】

压气机入口温度为　　　$T_1 = 263.15\text{K}$

压气机出口温度为

$$T_2 = T_1\pi^{\frac{\kappa-1}{\kappa}} = 263.15\times5^{\frac{1.4-1}{1.4}}\text{K} = 416.78\text{K}$$

冷却器出口温度为　　　$T_3 = 293.15\text{K}$

膨胀机出口温度为

$$T_4 = \frac{T_3}{\pi^{\frac{\kappa-1}{\kappa}}} = \frac{293.15}{5^{\frac{1.4-1}{1.4}}}\text{K} = 185.09\text{K}$$

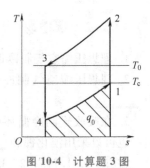

图 10-4　计算题 3 图

制冷量为

$$q_0 = c_p(T_1 - T_4) = 1.004\times(263.15-185.09)\text{kJ/kg} = 78.37\text{kJ/kg}$$

制冷系数为

$$\varepsilon = \frac{q_0}{w_{\text{net}}} = \frac{T_1-T_4}{(T_2-T_3)-(T_1-T_4)} = \frac{263.15-185.09}{(416.78-293.15)-(263.15-185.09)} = 1.71$$

4. 压缩空气制冷循环中，压气机和膨胀机的绝热效率均为 0.85。若放热过程的终温为 20℃，吸热过程的终温为 0℃，循环增压比 $\pi = 3$，空气可视为定比热容的理想气体，$c_p = 1.004\text{kJ/(kg·K)}$，$\kappa = 1.4$。求：

1）画出此制冷循环的 T-s 图。

2）循环的平均吸热温度、平均放热温度和制冷系数。

【解】 1）T-s 图如图 10-5 所示。

2）压气机入口温度 $T_1 = 273.15\text{K}$，冷却器出口温度 $T_3 = 293.15\text{K}$。

如果将压气机和膨胀机中的过程视为可逆绝热过程，则

压缩机出口温度为

$$T_2 = T_1\pi^{\frac{\kappa-1}{\kappa}} = 273.15\times3^{\frac{1.4-1}{1.4}}\text{K} = 373.87\text{K}$$

膨胀机出口温度为

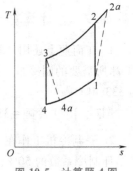

图 10-5　计算题 4 图

$$T_4 = \frac{T_3}{\pi^{\frac{\kappa-1}{\kappa}}} = \frac{293.15}{3^{\frac{1.4-1}{1.4}}}\text{K} = 214.18\text{K}$$

实际压缩机出口温度为

$$T_{2a} = T_1 + \frac{T_2-T_1}{\eta_c} = \left(273.15 + \frac{373.87-273.15}{0.85}\right)\text{K} = 391.64\text{K}$$

实际膨胀机出口温度为

$$T_{4a} = T_3 - \eta_{\text{ri}}(T_3-T_4) = [293.15 - 0.85\times(293.15-214.18)]\text{K} = 226.03\text{K}$$

循环的平均吸热温度为

$$\overline{T}_c = \frac{q_c}{\Delta s} = \frac{T_1-T_{4a}}{\ln\frac{T_1}{T_{4a}}} = \frac{273.15-226.03}{\ln\frac{273.15}{226.03}}\text{K} = 248.85\text{K}$$

循环的平均放热温度为

$$\overline{T}_0 = \frac{q_0}{\Delta s} = \frac{T_{2a}-T_3}{\ln\dfrac{T_{2a}}{T_3}} = \frac{391.64-293.15}{\ln\dfrac{391.64}{293.15}}\text{K} = 340.02\text{K}$$

循环的制冷系数为

$$\varepsilon = \frac{T_1-T_{4a}}{(T_{2a}-T_1)-(T_3-T_{4a})} = \frac{273.15-226.03}{(391.64-273.15)-(293.15-226.03)} = 0.917$$

5. 某压缩蒸气制冷循环用氨作为制冷剂,制冷量为 10^5kJ/h,循环中压缩机的绝热压缩效率 $\eta_{cs}=0.8$,冷凝器出口为氨饱和液体,其温度为 300K,节流阀出口温度为 260K,蒸发器出口为干饱和状态(图 10-6)。试求:

1)每千克氨的吸热量。

2)氨的流量。

3)压缩机消耗的功率。

4)压缩机工作的压力范围。

5)实际循环的制冷系数。

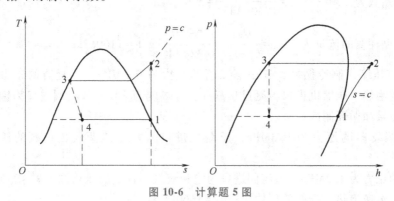

图 10-6 计算题 5 图

【解】

蒸发器出口处为干饱和蒸气,且温度等于节流阀出口温度,$t_1 = 260\text{K}$。查氨的压焓图:$p_1 = 0.26\text{MPa}$,$h_1 = 1444\text{kJ/kg}$。

冷凝器出口处为饱和液体,温度为 300K,查氨的压焓图:$p_3 = 1.04\text{MPa}$,$h_3 = 328\text{kJ/kg}$。

节流阀出口焓 $h_4 = h_3 = 328\text{kJ/kg}$。

1)每千克氨的吸热量为

$$q_c = h_1 - h_4 = (1444-328)\text{kJ/kg} = 1116\text{kJ/kg}$$

2)氨的流量为

$$q_m = \frac{Q_c}{q_c} = \frac{10^5}{1116}\text{kg/h} = 89.6\text{kg/h}$$

3)在氨的压焓图上,经过点 1 的等熵线与经过点 3 的等压线相交得到点 2(可逆绝热压缩时压缩机出口),$h_2 = 1650\text{kJ/kg}$,压缩机消耗功率为

$$P = \frac{(h_2-h_1)q_m}{\eta_{cs}} = \frac{(1650-1444)\times89.6}{0.8\times3600} = 6.41\text{kW}$$

4)根据所查点 1 和点 3 的压力可知:压缩机工作的压力范围为 0.26~1.04MPa。

5）实际循环的制冷系数为

$$\varepsilon = \frac{Q_c}{P} = \frac{10^5}{3600 \times 6.41} = 4.33$$

6. 一台氨压缩式制冷设备，蒸发器温度为 $-20^\circ C$，冷凝器压力为 1.2MPa，压缩机进口为饱和氨蒸气，压缩过程可逆绝热，冷凝器出口处为饱和液体。

求：

1）制冷系数。

2）若要求制冷量为 1.26×10^6kJ/h，则制冷循环氨的流量（kg/h）是多少？

【解】 蒸发器的温度为 253K，压缩机进口为饱和氨蒸气，查氨的压焓图：$h_1 = 1432$kJ/kg。

冷凝器的压力为 1.2MPa，冷凝器出口处为饱和液体，查氨的压焓图：$h_3 = 346$kJ/kg。

压缩过程可逆绝热，查氨的压焓图：$h_2 = 1730$kJ/kg。

蒸发器入口焓 $h_4 = h_3 = 346$kJ/kg。

1）制冷系数为　　$\varepsilon = \frac{h_1 - h_4}{h_2 - h_1} = \frac{1432 - 346}{1730 - 1432} = 3.6$

2）制冷循环氨的流量为　　$q_m = \frac{Q_c}{h_1 - h_4} = \frac{1.26 \times 10^6}{1432 - 346}$kJ/h = 1160.2kg/h

7. 氨蒸气压缩式制冷循环，其中蒸发器的压力为 0.3MPa，冷凝器的压力为 1.2MPa，压缩过程可逆绝热，压缩机进口为氨过热蒸气，过热度为 $2^\circ C$；节流阀进口为饱和液氨。试计算循环制冷量和循环制冷系数。

【解】 蒸发器的压力为 0.3MPa，压缩机进口为氨过热蒸气，查氨的压焓图：$h_1 = 1456$kJ/kg。

冷凝器的压力为 1.2MPa，节流阀进口为饱和液氨，查氨的压焓图：$h_3 = 346$kJ/kg。

压缩过程可逆绝热，查氨的压焓图：$h_2 = 1660$kJ/kg。

蒸发器入口焓　$h_4 = h_3 = 346$kJ/kg。

循环制冷量为　　$q_c = h_1 - h_4 = (1456 - 346)$kJ/kg = 1110kJ/kg

循环制冷系数为　　$\varepsilon = \frac{h_1 - h_4}{h_2 - h_1} = \frac{1456 - 346}{1660 - 1456} = 5.44$

8. 某制热制冷两用空调机用 R134a 作为制冷剂。压缩机进口为蒸发温度下的干饱和蒸气，出口为 2.2MPa、$105^\circ C$ 的过热蒸气，冷凝器出口为饱和液体，蒸发温度为 $-10^\circ C$。当夏季室外温度为 $35^\circ C$ 时给房间制冷，当冬季室外温度为 $0^\circ C$ 给房间供暖，均要求室温能维持在 $20^\circ C$。若室内外温差每 $1^\circ C$ 时，通过墙壁等的传热量为 1100kJ/h。求：

1）将该循环示意图画在 $T\text{-}s$ 图上。

2）制冷系数。

3）室外温度为 $35^\circ C$ 时，制冷所需的制冷剂流量。

4）供暖系数。

5）室外温度为 $0^\circ C$ 时，供暖所需的制冷剂流量。

【解】 查 R134a 的压焓图：压缩机进口焓 $h_1 = 392$kJ/kg，出口焓 $h_2 = 475$kJ/kg，冷凝器出口焓 $h_3 = 307$kJ/kg，蒸发器入口焓 $h_4 = h_3 = 307$kJ/kg。

1）如图 10-7 所示。

2）制冷系数为 $\varepsilon = \dfrac{h_1 - h_4}{h_2 - h_1} = \dfrac{392 - 307}{475 - 392} = 1.02$

3）室外温度为 35℃时，制冷所需的制冷剂流量为

$$q_{mc} = \frac{1100 \times (35 - 20)}{392 - 307} \text{kg/h} = 194.12 \text{kg/h}$$

4）供暖系数为 $\varepsilon' = \dfrac{h_2 - h_3}{h_2 - h_1} = \dfrac{475 - 307}{475 - 392} = 2.02$

5）室外温度为 0℃时，供暖所需的制冷剂流量为

$$q_{mh} = \frac{1100 \times (20 - 0)}{475 - 307} \text{kg/h} = 130.95 \text{kg/h}$$

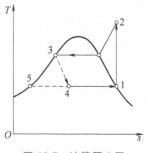

图 10-7 计算题 8 图

9. 一以氨为工质的压缩蒸气理想热泵循环，如图 10-8 所示，为了维持室温，每分钟需将 30m³ 的室外空气（0℃、0.1MPa）等压加热到 28℃再给室内供暖。氨进入压气机时为干饱和蒸气，压气机出口压力 $p_2 = 2$MPa，经过冷凝器后 3 为饱和液态氨，蒸发温度为 -4℃。求：

1）工质流量（kg/s）。

2）消耗的功率。

3）供热系数。

4）如果采用电加热元件加热，消耗的电功率又是多少？设电加热元件的加热效率为 100%。

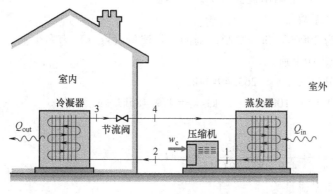

图 10-8 计算题 9 图

【解】 蒸发器的温度为 269.15K，氨进入压气机时为干饱和蒸气，查氨的压焓图可知，压气机入口焓 $h_1 = 1457$kJ/kg。

冷凝器的压力为 2MPa，经过冷凝器后没有过冷，查氨的压焓图可知，冷凝器出口处焓值为 $h_3 = 436$kJ/kg。

压缩过程可逆绝热，查氨的压焓图可知，压气机出口焓 $h_2 = 1730$kJ/kg。

蒸发器入口焓 $h_4 = h_3 = 436$kJ/kg。

1）30m³/min 的室外空气（0℃、0.1MPa）的质量流量为

$$q_m = \frac{p q_V}{R_g T} = \frac{0.1 \times 10^6 \times 30}{287 \times 273.15} \text{kg/min} = 38.268 \text{kg/min}$$

工质流量为

$$q_{mc} = \frac{q_m c_p \Delta t}{h_2 - h_3} = \frac{38.268 \times 1.004 \times 28}{1730 - 436} \text{kg/min} = 0.831 \text{kg/min} = 0.0139 \text{kg/s}$$

2）消耗的功率为

$$P = q_{mc}(h_2 - h_1) = 0.0139 \times (1730 - 1457) \text{kW} = 3.79 \text{kW}$$

3）供热系数为

$$\varepsilon' = \frac{h_2 - h_3}{h_2 - h_1} = \frac{1730 - 436}{1730 - 1457} = 4.74$$

4）如果采用电加热元件加热，消耗的电功率为

$$P' = q_m c_p \Delta t = 38.268 \times 1.004 \times 28 \text{kJ/min} = 1075.79 \text{kJ/min} = 17.93 \text{kW}$$

10. 某蒸气压缩制冷循环，在压缩机入口为干饱和蒸气（状态 1），$p_1 = 0.19 \text{MPa}$，经压缩机被等熵压缩到状态 2，$t_2 = 100 \text{℃}$，$p_2 = 1.15 \text{MPa}$，接着进入冷凝器凝结为饱和液（状态 3），再经绝热节流至状态 4，$p_4 = p_1$，进入冷库蒸发吸热到干饱和蒸气完成循环。

假定制冷剂过热蒸气的比定压热容 $c_p = 1.05 \text{kJ/(kg·K)}$ 为常数，其他参数见表 10-1：

表 10-1　计算题 10 参数表

饱和压力/MPa	饱和温度/℃	饱和液比焓 h'/(kJ/kg)	饱和气比焓 h''/(kJ/kg)
0.19	-11.42	184.76	391.15
1.15	44.7	263.49	421.42

试求：1）在 T-s 图上画出此循环的示意图。

2）循环的制冷系数。

3）若制冷量为 20000kJ/h，则制冷剂的质量流量（kg/s）为多少？

【解】　1）如图 10-9 所示。

2）$h_1 = 391.15 \text{kJ/kg}$，$h_3 = 263.49 \text{kJ/kg}$

$h_2 = [421.42 + 1.05 \times (100 - 44.7)] \text{kJ/kg} = 479.485 \text{kJ/kg}$

制冷系数为

$$\varepsilon = \frac{q_2}{w_{net}} = \frac{391.15 - 263.49}{479.485 - 391.15} = 1.445$$

3）制冷剂的质量流量为

$$q_m = \frac{20000}{(391.15 - 263.49) \times 3600} \text{kg/s} = 0.0435 \text{kg/s}$$

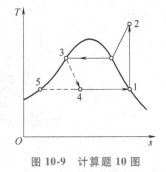

图 10-9　计算题 10 图

11. 利用压缩空气热泵循环给房间供热，每小时供热量为 200MJ，已知压气机入口 $p_1 = 0.1 \text{MPa}$、$t_1 = -10 \text{℃}$，出口 $p_2 = 1 \text{MPa}$，压气机的绝热效率为 0.9，膨胀机的绝热效率为 0.88，冷却器出口温度 $t_3 = 30 \text{℃}$，求：

1）画出该循环的 T-s 图。

2）热泵系数。

3）空气流量（kg/s）。

4）如果采用加热效率为 100% 的电加热器加热，需要消耗多少电功率（kW）？

【解】　1）如图 10-10 所示。

2）$T_2 = T_1 \pi^{\frac{\kappa-1}{\kappa}} = 263.15 \times 10^{\frac{1.4-1}{1.4}} \text{K} = 508.06\text{K}$

$$T_4 = T_3 \left(\frac{1}{\pi}\right)^{\frac{\kappa-1}{\kappa}} = 303.15 \times 0.1^{\frac{1.4-1}{1.4}} \text{K} = 157.02\text{K}$$

由压气机的绝热效率定义得

$$\eta_{C,s} = \frac{T_2 - T_1}{T_{2a} - T_2} = \frac{508.06\text{K} - 263.15\text{K}}{T_{2a} - 263.15\text{K}} = 0.9$$

求得压气机实际出口温度为 $T_{2a} = 535.27\text{K}$

由膨胀机的绝热效率定义得

$$\eta_{ri} = \frac{T_3 - T_{4a}}{T_3 - T_4} = \frac{303.15\text{K} - T_{4a}}{303.15\text{K} - 157.02\text{K}} = 0.88$$

解得膨胀机的实际出口温度为 $T_{4a} = 174.56\text{K}$

热泵系数为

$$\varepsilon' = \frac{T_{2a} - T_3}{(T_{2a} - T_1) - (T_3 - T_{4a})} = \frac{535.27 - 303.15}{(535.27 - 263.15) - (303.15 - 174.56)} = 1.617$$

3）空气质量流量为

$$q_m = \frac{200 \times 10^3}{1.004 \times (535.27 - 303.15) \times 3600} \text{kg/s} = 0.238\text{kg/s}$$

4）若采用电加热器加热，需要消耗电功率为

$$P = 200 \times 10^3 / 3600 \text{kW} = 55.56\text{kW}$$

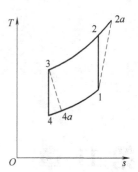

图 10-10　计算题 11 图

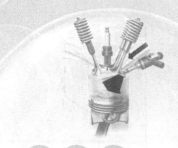

第11章

蒸汽动力装置循环

11.1 本章知识要点

1. 朗肯循环

朗肯循环的蒸汽动力装置主要包括锅炉、汽轮机、凝汽器和给水泵四部分。水经过给水泵绝热加压送入锅炉，在锅炉内水被等压加热汽化，形成高温高压的过热水蒸气，过热蒸汽在汽轮机中绝热膨胀做功带动发电机发电，汽轮机的排汽（称为乏汽）在凝汽器内等压放热，凝结为冷凝水，给水泵将冷凝水送入锅炉开始新的循环。朗肯循环 T-s 图如图 11-1 所示。

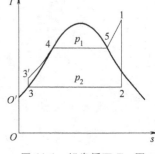

图 11-1 朗肯循环 T-s 图

2. 朗肯循环的热效率★

$$\eta_t = \frac{w_{net}}{q_1} = \frac{w_T - w_P}{q_1} = \frac{(h_1 - h_2) - (h_3' - h_3)}{h_1 - h_3'} \qquad (11\text{-}1)$$

或

$$\eta_t = 1 - \frac{q_2}{q_1} = 1 - \frac{h_2 - h_3}{h_1 - h_3'} \qquad (11\text{-}2)$$

在不考虑水泵耗功时，朗肯循环的热效率简化为

$$\eta_t = \frac{w_T}{q_1} = \frac{h_1 - h_2}{h_1 - h_3} \qquad (11\text{-}3)$$

3. 汽耗率、热耗率和煤耗率★

工程上习惯把每产生 $1\mathrm{kW} \cdot \mathrm{h}$ 的功所消耗的蒸汽质量称为汽耗率，用符号 d 表示，单位为 $\mathrm{kg/(kW \cdot h)}$。

$$d = \frac{3600}{w_{net}} \qquad (11\text{-}4)$$

工程上习惯把每产生 $1\mathrm{kW} \cdot \mathrm{h}$ 的功需要锅炉提供的热量称为热耗率，用 q_0 表示，单位为 $\mathrm{kJ/(kW \cdot h)}$。

$$q_0 = dq_1 = \frac{3600}{\eta_t} \qquad (11\text{-}5)$$

火力发电厂把每产生 $1\mathrm{kW \cdot h}$ 电能消耗的标准煤的克数称为标准煤耗率，简称为煤耗率，用 b_0 表示，单位为 $\mathrm{g/(kW \cdot h)}$。

$$b_0 = \frac{123}{\eta_t} \qquad (11\text{-}6)$$

4. 汽轮机相对内效率★

如图 11-2 所示，1-2 为蒸汽在汽轮机内可逆绝热膨胀做功过程（等熵），$1\text{-}2_{act}$ 是蒸汽在汽轮机内的实际做功过程。汽轮机相对内效率是指在汽轮机内实际做功与理论做功（等熵）的比值，即

$$\eta_{ri} = \frac{h_1 - h_{2_{act}}}{h_1 - h_2} \qquad (11\text{-}7)$$

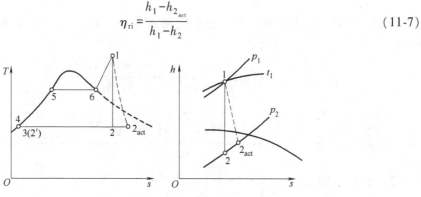

图 11-2 蒸汽在汽轮机中的绝热膨胀

5. 提高朗肯循环热效率的途径

提高蒸汽初始温度和初始压力，可以提高平均吸热温度；降低乏汽的压力，可以降低平均放热温度，这些措施都可以提高朗肯循环热效率。

6. 再热循环★

所谓再热循环就是蒸汽在汽轮机内做了一部分功后，将它抽出来，通过管道送回锅炉再热器中，使之再加热后又送回到汽轮机低压缸里继续膨胀做功的循环。再热循环的 $T\text{-}s$ 图如图 11-3 所示。

循环热效率为

$$\eta_t = 1 - \frac{q_2}{q_1} = 1 - \frac{h_2 - h_2'}{(h_1 - h_3) + (h_a - h_b)} \qquad (11\text{-}8)$$

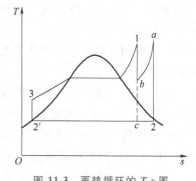

图 11-3 再热循环的 $T\text{-}s$ 图

或

$$\eta_t = \frac{w_{net}}{q_1} = \frac{(h_1 - h_b) + (h_a - h_2) - (h_3 - h_2')}{(h_1 - h_3) + (h_a - h_b)} \qquad (11\text{-}9)$$

若不计水泵耗功，即 $w_P \approx 0$、$h_2' \approx h_3$，则热效率为

$$\eta_t = \frac{w_{net}}{q_1} = \frac{w_T}{q_1} = \frac{(h_1 - h_b) + (h_a - h_2)}{(h_1 - h_2') + (h_a - h_b)} \qquad (11\text{-}10)$$

7. 抽汽回热循环★

一个两级抽汽回热循环的 $T\text{-}s$ 图如图 11-4 所示。

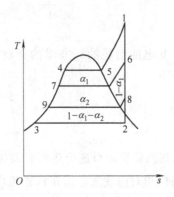

图 11-4　一个两级抽汽回热循环的 T-s 图

回热循环计算首先要根据热平衡确定抽汽率 α_1、α_2。不考虑水泵耗功时，循环热效率为

$$\eta_t = 1 - \frac{q_2}{q_1} = 1 - \frac{(1-\alpha_1-\alpha_2)(h_2-h_3)}{h_1-h_7} \tag{11-11}$$

11.2　习 题 解 答

11.2.1　简答题

1. 在相同温限之间卡诺循环的热效率最高，为什么蒸汽动力循环不采用卡诺循环？

【答】　蒸汽动力循环如果采用卡诺循环，必须所有过程都在湿蒸汽区才能实现，这样会存在三个问题：①在绝热膨胀做功后蒸汽湿度太大，会危及汽轮机的安全；②压缩过程是将湿蒸汽压缩成饱和水，压缩困难，且消耗功率大；③循环最高温度不能超过水的临界温度（373.99℃），所以，即使这个循环能够实现，热效率也不会很高。所以，蒸汽动力循环不采用卡诺循环。

2. 实现朗肯循环需要哪几个主要设备？画出朗肯循环的系统图，并在 p-v 图和 T-s 图上表示出来。

【答】　实现蒸汽动力装置朗肯循环的主要设备包括锅炉、汽轮机、凝汽器和给水泵四部分，其 p-v 图和 T-s 图见主教材。

3. 中间再热的主要作用是什么？如何选择再热压力才能使再热循环的热效率比初终参数相同而无再热的机组效率高？

【答】　提高蒸汽初压时，可以提高朗肯循环的热效率，但如果初温不随之提高会使乏汽的湿度过大，影响机组安全性。采用中间再热可以提高乏汽干度，保证汽轮机的安全性。但再热不一定能直接提高循环的热效率。比如，如果中间再热压力选择过低，则相当于在原来朗肯循环的基础上附加了一个低效率的循环，这会使整个循环的效率降低。一般选择中间再热压力为初压的 20%~30%，可使循环热效率提高 2%~3.5%。

4. 在计算再热循环时，发现一个现象，即再热后的蒸汽的比焓值比主蒸汽的比焓值还要高，如 14MPa、550℃时主蒸汽的比焓为 3458.7kJ/kg，而 5MPa、550℃的再热蒸汽的比焓为 3548kJ/kg。既然如此，为什么还要发展高参数火电机组？

【答】 根据热力学第二定律，能量除有数量多少之分，还有品位高低之分，虽然 5MPa、550℃的再热蒸汽的比焓比 14MPa、550℃时主蒸汽的比焓还高，但是后者的做功能力更强。比较如下：

14MPa、550℃时，$h_1 = 3458.7\text{kJ/kg}$，$s_1 = 6.5611\text{kJ/(kg·K)}$　　焓㶲为 ex_1

5MPa、550℃时，$h_2 = 3548\text{kJ/kg}$，$s_2 = 7.1187\text{kJ/(kg·K)}$　　焓㶲为 ex_2

设环境温度 $T_0 = 293\text{K}$，有

$$ex_1 - ex_2 = [h_1 - h_0 - T_0(s_1 - s_0)] - [h_2 - h_0 - T_0(s_2 - s_0)]$$
$$= h_1 - h_2 - T_0(s_1 - s_2)$$
$$= [3458.7 - 3548 - 293 \times (6.5611 - 7.1187)]\text{kJ/kg} = 74.0768\text{kJ/kg}$$

可见，14MPa、550℃蒸汽的做功能力更强，这就是要发展高参数火电机组的原因。

5. 蒸汽动力循环热效率不高的原因是凝汽器对环境放出大量的热，能否取消凝汽器，而直接将乏汽升压再送回锅炉加热，这样不就可以大幅度地提高循环的热效率了吗？

【答】 从理论上说，这种做法取消凝汽器，只有单一热源（锅炉），违反了热力学第二定律，是不可能实现的。从实际来说，如图 11-1 所示，直接将乏汽升压至初压，如果是可逆过程，将沿 2-1 压缩，其消耗的功等于汽轮机可逆膨胀做的功，不会有功输出。如果是不可逆过程压缩，其消耗的功大于汽轮机可逆膨胀做的功，更不会有功输出。

6. 回热是什么意思？为什么回热能提高循环的热效率？

【答】 回热就是利用在汽轮机内做过部分功的蒸汽来加热锅炉给水。采用回热可提高循环平均吸热温度，所以能提高循环热效率。

7. 能否在汽轮机中将全部蒸汽逐级抽出来用于回热，这样就可以取消凝汽器，从而提高循环的热效率？

【答】 不能。从理论上说，将全部蒸汽逐级抽出来用于回热，没有乏汽排出，这种做法取消凝汽器，只有单一热源（锅炉），违反了热力学第二定律，所以是不可能实现的。从实际来说，全部蒸汽逐级抽出来用于回热，却没有被加热对象（凝结水），何以实现？

8. 请通过互联网查找热电冷三联产在国内外的应用情况。

【答】 略。

11.2.2 填空题

1. 汽耗率的单位是_____，热耗率的单位是_____，煤耗率的单位是_____。

2. 在其他条件相同下，提高朗肯循环主蒸汽压力，会使循环热效率_____，煤耗率_____，乏汽干度_____。

3. 背压式热电联产机组理论上能量利用效率可达到_____。

4. 采用再热后，汽耗率_____；采用回热后，汽耗率_____。

5. 和亚临界机组不同，超临界机组的锅炉没有_____，必定要使用_____锅炉。

6. 核电厂的再热器和火电厂的再热器不同，称为_____。

7. 世界运行的核电站主要包括_____和_____两种堆型。

8. 在蒸汽动力装置中，直接向环境散失热量最多的设备是_____，可用能损失最多的设备是_____。

答案：1. kg/(kW·h)，kJ/(kW·h)，g/(kW·h)；2. 提高，降低，降低；3. 100%；4. 减少，增加；5. 汽包，直流；6. 汽水分离再热器；7. 压水堆，沸水堆；8. 凝汽器，锅炉。

11.2.3 判断题

1. 蒸汽动力循环可以采用卡诺循环。（   ）
2. 朗肯循环的热效率越高，汽耗率越低。（   ）
3. 朗肯循环的热效率越高，煤耗率越低。（   ）
4. 采用再热后，必定能提高循环热效率。（   ）
5. 采用回热后，必定能提高循环热效率。（   ）
6. 背压式热电联产机组能量利用效率高，但不灵活。（   ）

答案：1. ×；2. ×；3. √；4. ×；5. √；6. √。

11.2.4 计算题

1. 朗肯循环中，汽轮机入口参数为 $p_1 = 12\text{MPa}$、$t_1 = 540℃$。试计算乏汽压力分别为 0.005MPa、0.01MPa 和 0.1MPa 时的循环热效率，并分析计算结果说明了什么问题。

【解】 查水和水蒸气焓熵图，汽轮机入口焓为：$h_1 = 3455\text{kJ/kg}$。

乏汽压力 p_2 为 0.005MPa 时：

乏汽焓 $h_2 = 2015\text{kJ/kg}$，温度 $t_s = 34℃$。

给水泵入口焓 $h_3 = 4.1868 t_s = 4.1868 \times 34\text{kJ/kg} = 142.351\text{kJ/kg}$

忽略泵功，循环的热效率为

$$\eta_t = \frac{h_1 - h_2}{h_1 - h_3} = \frac{3455 - 2015}{3455 - 142.351} = 43.47\%$$

压力分别为 0.01MPa 和 0.1MPa 时的求解方法与上同。

计算结果见表 11-1：

表 11-1 计算题 1 结果

p_2	0.005MPa	0.01MPa	0.1MPa
h_2	2015kJ/kg	2095kJ/kg	2400kJ/kg
t_s	34℃	47℃	100℃
h_3	142.351kJ/kg	196.78kJ/kg	418.68kJ/kg
η_t	43.47%	41.74%	34.75%

可见，汽轮机排汽压力升高，循环热效率降低。

2. 朗肯循环中，汽轮机入口初温 $t_1 = 540℃$，乏汽压力为 0.008MPa，试计算当初压 p_1 分别为 5MPa 和 10MPa 时的循环热效率及乏汽干度。

【解】 乏汽温度 $t_s = 43℃$，给水泵入口焓

$$h_3 = 4.1868 t_s = 4.1868 \times 43\text{kJ/kg} = 180.032\text{kJ/kg}$$

当初压 p_1 为 5MPa 时：

查水和水蒸气焓熵图，汽轮机入口焓为 $h_1 = 3529\text{kJ/kg}$。

乏汽焓 $h_2 = 2218\text{kJ/kg}$，乏汽干度 $x_2 = 0.85$。

忽略泵功，循环的热效率为

$$\eta_t = \frac{h_1 - h_2}{h_1 - h_3} = \frac{3529 - 2218}{3529 - 180.032} = 39.15\%$$

当初压 p_1 为 10MPa 时的求解方法与上同。

计算结果见表 11-2：

表 11-2　计算题 2 结果

p_1	5MPa	10MPa
h_1	3529kJ/kg	3478kJ/kg
h_2	2218kJ/kg	2103kJ/kg
η_t	39.15%	41.69%
x_2	0.85	0.803

可见，汽轮机入口压力升高，循环热效率会升高，但是乏汽干度会降低。

3. 某再热循环（图 11-5），其新蒸汽参数为 $p_1 = 12\text{MPa}$、$t_1 = 540℃$，再热压力为 5MPa，再热后的温度为 540℃，乏汽压力 $p_2 = 6\text{kPa}$，设汽轮机功率为 125MW，循环水在凝汽器中的温升为 10℃。不计水泵耗功。求循环热效率、蒸汽流量和流经凝汽器的循环冷却水流量。

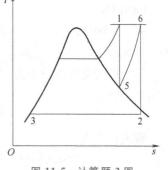

图 11-5　计算题 3 图

【解】　查 $h\text{-}s$ 图：

由 $p_1 = 12\text{MPa}$，$t_1 = 540℃$ 查得：$h_1 = 3455\text{kJ/kg}$，$s_1 = 6.62\text{kJ/(kg·K)}$。

由 $s_5 = s_1$，$p_5 = 5\text{MPa}$ 查得：$h_5 = 3180\text{kJ/kg}$。

由 $p_6 = 5\text{MPa}$，$t_6 = 540℃$ 查得：$h_6 = 3528\text{kJ/kg}$，$s_6 = 7.09\text{kJ/(kg·K)}$。

由 $s_2 = s_6$，$p_2 = 6\text{kPa}$ 查得：$h_2 = 2182\text{kJ/kg}$，$t_2 = 37℃$。

$h_3 = 4.1868 t_2 = 4.1868 \times 37\text{kJ/kg} = 154.912\text{kJ/kg}$

循环吸热量为

$$q_1 = h_1 - h_3 + h_6 - h_5 = (3455 - 154.912 + 3528 - 3180)\text{kJ/kg} = 3648.088\text{kJ/kg}$$

循环放热量为

$$q_2 = h_2 - h_3 = (2182 - 154.912)\text{kJ/kg} = 2027.088\text{kJ/kg}$$

热效率为

$$\eta_t = 1 - \frac{q_2}{q_1} = 1 - \frac{2027.088}{3648.088} = 44.43\%$$

循环净功为

$$w_{\text{net}} = q_1 - q_2 = (3648.088 - 2027.088)\text{kJ/kg} = 1621\text{kJ/kg}$$

根据功率公式

$$P = \frac{1000 w_{\text{net}} q_m}{3600}$$

可得蒸汽流量为

$$q_m = \frac{3600P}{1000w_{net}} = \frac{3600 \times 125 \times 10^3}{1621 \times 1000} \text{t/h} = 277.61\text{t/h}$$

根据凝汽器中的热平衡：冷却水吸收的热量=乏汽放出的热量，即

$$q_w c_p \Delta t_w = q_m(h_2 - h_3)$$

可得循环水流量为

$$q_w = \frac{q_m(h_2 - h_3)}{c_p \Delta t_w} = \frac{277.61 \times (2182 - 154.912)}{4.1868 \times 10} \text{t/h} = 13440.81\text{t/h}$$

4. 水蒸气绝热稳定流经一汽轮机（图 11-6），入口 $p_1 = 10\text{MPa}$、$t_1 = 510℃$，出口 $p_2 = 10\text{kPa}$，$x_{2a} = 0.9$，如果质量流量为 100kg/s，求汽轮机的相对内效率及输出功率。

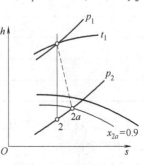

图 11-6 计算题 4 图

【解法 1】 查 h-s 图：

据 $p_1 = 10\text{MPa}$，$t_1 = 510℃$ 查得：$h_1 = 3402\text{kJ/kg}$，$s_1 = 6.63\text{kJ/(kg·K)}$。

据 $s_2 = s_1$，$p_2 = 10\text{kPa}$ 查得蒸汽在汽轮机中可逆绝热膨胀时：$h_2 = 2098\text{kJ/kg}$。

据 $p_2 = 10\text{kPa}$，$x_{2a} = 0.9$ 查得汽轮机出口蒸汽实际焓：$h_{2a} = 2348\text{kJ/kg}$。

汽轮机的相对内效率为

$$\eta_{ri} = \frac{h_1 - h_{2a}}{h_1 - h_2} = \frac{3402 - 2348}{3402 - 2098} = 80.83\%$$

输出功率为

$$P = q_m(h_1 - h_{2a}) = 100 \times (3402 - 2348)\text{kW} = 105400\text{kW} = 105.4\text{MW}$$

【解法 2】 利用水蒸气热力性质表计算。

入口 $p_1 = 10\text{MPa}$，$t_1 = 510℃$，查得 $h_1 = 3398.4\text{kJ/kg}$，$s_1 = 6.6283\text{kJ/(kg·K)}$。

$p_2 = 10\text{kPa}$ 对应的饱和参数为 $h_2' = 191.76\text{kJ/kg}$，$s_2' = 0.649\text{kJ/(kg·K)}$，$h_2'' = 2583.72\text{kJ/kg}$，$s_2'' = 8.1481\text{kJ/(kg·K)}$。

蒸汽等熵膨胀出口状态为 2，有

$$s_1 = s_2 = x_2 s_2'' + (1 - x_2)s_2'$$
$$6.6283 = 8.1481x_2 + (1 - x_2) \times 0.649$$

解得 $x_2 = 0.7973$

等熵膨胀出口焓为

$$h_2 = x_2 h_2'' + (1 - x_2)h_2' = (0.7973 \times 2583.72 + 0.2027 \times 191.76)\text{kJ/kg} = 2098.87\text{kJ/kg}$$

实际膨胀出口焓为

$$h_{2a} = x_{2a} h_2'' + (1 - x_{2a})h_2' = (0.9 \times 2583.27 + 0.1 \times 191.76)\text{kJ/kg} = 2344.12\text{kJ/kg}$$

汽轮机的相对内效率为

$$\eta_{ri} = \frac{h_1 - h_{2a}}{h_1 - h_2} = \frac{3398.4 - 2344.12}{3398.4 - 2098.87} = 81.1\%$$

汽轮机的输出功率为

$$P = q_m(h_1 - h_{2a}) = 100 \times (3398.4 - 2344.12)\text{kW} = 105428\text{kW} \approx 105.4\text{MW}$$

132

5. 汽轮机理想动力装置，其新蒸汽参数为 $p_1 = 12MPa$、$t_1 = 480℃$，采用一次再热，再热压力 $p_a = 3MPa$，再热后的温度为 $480℃$，乏汽压力 $p_2 = 4kPa$，蒸汽流量为 $500t/h$。不计水泵耗功。求循环热效率及机组的功率。

提示：如图 11-7 所示，$p_1 = 12MPa$、$t_1 = 480℃$ 可以从 h-s 图查到汽轮机入口处比焓 h_1，从点 1 往下作垂线交再热压力线 $p_a = 3MPa$ 于点 a，读出再热器入口比焓 h_a。蒸汽在再热器内是等压吸热过程，再热压力线 $p_a = 3MPa$ 交 $t_1 = 480℃$ 等温线于点 b，读出再热器出口比焓 h_b，从 b 点作垂线交 $p_2 = 4kPa$ 等压线于点 2，读出汽轮机排汽比焓 h_2。

从 h-s 图不能直接读出凝结水的比焓，在 $x = 1$ 线以下的湿饱和蒸汽区，等温线和等压线是重合的，饱和水的温度等于干饱和蒸汽的温度，从 $p_2 = 4kPa$ 等压线和 $x = 1$ 线的交点处可以读出 p_2 对应的饱和温度 t_s（℃），凝结水的比焓可由 $h_2' = 4.1868t_s$ 计算得到。

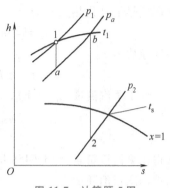

图 11-7 计算题 5 图

结论：循环热效率：44.36%，机组的功率：225.69MW。

6. 汽轮机理想动力装置，功率为 125MW，其新蒸汽参数为 $p_1 = 10MPa$、$t_1 = 500℃$，采用一次抽汽回热，抽汽压力 2MPa，乏汽压力 $p_2 = 10kPa$，不计水泵耗功。求：循环热效率、主蒸汽流量、理想热耗率。

提示：如图 11-8 所示，由 $p_1 = 10MPa$、$t_1 = 500℃$ 可以从 h-s 图查到汽轮机入口处比焓 h_1，从点 1 往下作垂线交抽汽压力线 $p_{01} = 2MPa$ 于点 01，读出抽汽点蒸汽的比焓 h_{01}，交等压线 $p_2 = 10kPa$ 于点 2，读出汽轮机排汽比焓（乏汽的比焓）h_2。

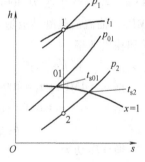

与上题类似，从 $p_{01} = 2MPa$ 等压线和 $x = 1$ 线的交点处可以读出 p_{01} 对应的饱和温度 t_{s01}（℃），从 $p_2 = 10kPa$ 等压线和 $x = 1$ 线的交点处可以读出 p_2 对应的饱和温度 t_{s2}（℃），抽气对应的饱和水的焓可由 $h_{01}' = 4.1868t_{s01}$ 计算得到，凝结水的比焓可由 $h_2' = 4.1868t_{s2}$ 计算得到。

图 11-8 利用 h-s 图计算抽气回热循环

结论：循环热效率为 43.23%；主蒸汽流量为 421.71t/h，理想热耗率为 8327.46kJ/(kW·h)。

7. 按照朗肯循环运行的电厂装有一台功率为 5MW 的背压式汽轮机，其蒸汽初、终参数为 $p_1 = 5MPa$，$t_1 = 450℃$，$p_2 = 0.6MPa$。排汽送到用户，返回时变成 p_2 下的饱和水送回锅炉。若锅炉效率 $\eta_b = 85\%$，燃料低位发热量为 26000kJ/kg，试求锅炉每小时的燃料消耗量及每小时供热量。

【解】 图 11-9 所示为该背压式机组的 T-s 图。

查 h-s 图：

据 $p_1 = 5MPa$，$t_1 = 450℃$ 查得：$h_1 = 3320kJ/kg$，$s_1 = 6.82kJ/(kg·K)$。

据 $s_2 = s_1$，$p_2 = 0.6MPa$ 查得：$h_2 = 2785kJ/kg$。

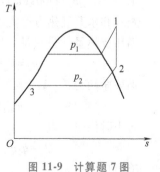

图 11-9 计算题 7 图

查水和水蒸气热力性质表得：$h_3 = 664.85\text{kJ/kg}$。

循环吸热量为

$$q_1 = h_1 - h_3 = (3320 - 664.85)\text{kJ/kg} = 2655.15\text{kJ/kg}$$

循环放热量（供热量）为

$$q_2 = h_2 - h_3 = (2785 - 664.85)\text{kJ/kg} = 2120.15\text{kJ/kg}$$

循环净功为

$$w_{\text{net}} = h_1 - h_2 = (3320 - 2785)\text{kJ/kg} = 535\text{kJ/kg}$$

设主蒸汽流量 q_m（t/h），有以下功率方程：

$$\frac{q_m \times 1000 \times 535\text{kJ/kg}}{3600} = 5\text{MW} = 5000\text{kW}$$

解得主蒸汽流量 $q_m = 33.645\text{t/h}$

锅炉的燃料消耗量为

$$\dot{m} = \frac{q_1 q_m}{q_d \eta_b} = \frac{2655.15 \times 33.645 \times 1000}{26000 \times 85\%}\text{kg/h} = 4042.2\text{kg/h} = 4.042\text{t/h}$$

锅炉供热量为

$$Q_2 = q_2 q_m = 2120.15 \times 33.645 \times 1000\text{kJ/h} = 7.13 \times 10^7\text{kJ/h}$$

8. 朗肯循环的输出功率为 6MW，蒸汽初压 $p_1 = 4\text{MPa}$，初温 $t_1 = 400℃$，排汽压力 $p_2 = 6\text{kPa}$。若把背压改为 300kPa 或采用单级抽汽供热汽轮机，抽汽率 $\alpha = 0.2$，抽汽压力为 1MPa，抽汽放热凝结成饱和水后返回热力系统，汽轮机进汽量不变，试求两种情况的供热量和输出功率。

【解】 查 h-s 图：

据 $p_1 = 4\text{MPa}$，$t_1 = 400℃$ 查得：$h_1 = 3217\text{kJ/kg}$，$s_1 = 6.77\text{kJ/(kg·K)}$。

据 $s_2 = s_1$，$p_2 = 6\text{kPa}$ 查得：$h_2 = 2082\text{kJ/kg}$，$t_2 = 37℃$，故

$$h_3 = 4.1868 t_2 = 4.1868 \times 37\text{kJ/kg} = 154.912\text{kJ/kg}$$

循环净功为

$$w_{\text{net}} = h_1 - h_2 = (3217 - 2082)\text{kJ/kg} = 1135\text{kJ/kg}$$

主蒸汽流量为

$$q_m = \frac{6 \times 1000}{1135}\text{kg/s} = 5.286\text{kg/s}$$

1）把背压改为 300kPa：

据 $s_2 = s_1$，$p_2 = 300\text{kPa}$ 查得：$h_2 = 2635\text{kJ/kg}$。

查水和水蒸气热力性质表得：$h_3 = 549.97\text{kJ/kg}$。

循环放热量（供热量）为

$$q_2 = h_2 - h_3 = (2635 - 549.97)\text{kJ/kg} = 2085.03\text{kJ/kg}$$

循环净功为

$$w_{\text{net}} = h_1 - h_2 = (3217 - 2635)\text{kJ/kg} = 582\text{kJ/kg}$$

每小时供热量为

$$Q_2 = q_2 q_m = 2085.03 \times 5.286 \times 3600\text{kJ/h} = 3.968 \times 10^7\text{kJ/h}$$

输出功率为

$$P = 5.286 \times 582 \text{kW} = 3076 \text{kW} = 3.076 \text{MW}$$

2）采用单级抽汽供热汽轮机：

查 h-s 图：

据 $s_{01} = s_1$，$p_{01} = 1 \text{MPa}$ 查得：$h_{01} = 2865 \text{kJ/kg}$。

查水和水蒸气热力性质表得：$h_{01}' = 762.84 \text{kJ/kg}$。

每小时供热量为

$$Q_2 = \alpha q_m (h_{01} - h_{01}') = 0.2 \times 5.286 \times 3600 \times (2865 - 762.84) \text{kJ/h} = 8 \times 10^6 \text{kJ/h}$$

输出功率为

$$P = q_m [h_1 - h_{01} + (1-\alpha)(h_{01} - h_2)]$$
$$= 5.286 \times [3217 - 2865 + (1 - 0.2) \times (2865 - 2082)] \text{kW} = 5172 \text{kW} = 5.172 \text{MW}$$

分析：在初、终参数相同且蒸汽流量相同的条件下，采用背压式供热和抽汽式供热都会使机组输出功率下降，且背压式机组下降得更多。

9. 某小型热电厂装有一台背压式机组，已知该背压式机组的进汽参数为 $p_1 = 6 \text{MPa}$、$t_1 = 510 ℃$，而背压 $p_2 = 0.8 \text{MPa}$。如果热用户需要从该热电厂获得的供热量为 $2 \times 10^8 \text{kJ/h}$，假定全部凝结水可以从热用户送回热电厂，其返回温度为 $50 ℃$。试求：

1）该汽轮机的理想功率。

2）不计水泵功耗时的循环热效率。

3）理想情况下的燃料利用系数。

【解】 该背压机组循环的 T-s 图如图 11-10 所示。

1）查 h-s 图：

据 $p_1 = 6 \text{MPa}$，$t_1 = 510 ℃$，查得主汽焓：$h_1 = 3448 \text{kJ/kg}$，往下作垂线交 $p_2 = 0.8 \text{MPa}$ 等压线，查得汽轮机排汽焓：$h_2 = 2885 \text{kJ/kg}$。

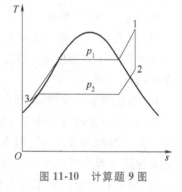

图 11-10　计算题 9 图

送回热电厂的凝结水的焓为

$$h_3 = 4.1868 t_3 = 4.1868 \times 50 \text{kJ/kg} = 209.34 \text{kJ/kg}$$

主蒸汽流量为

$$q_m = \frac{2 \times 10^8}{(2885 - 209.34) \times 1000} \text{t/h} = 74.748 \text{t/h}$$

该汽轮机的理想功率为

$$P = \frac{74.748 \times 1000 \times (3448 - 2885)}{3600} \text{kW} = 11690 \text{kW} = 11.69 \text{MW}$$

2）不计水泵功耗时的循环热效率为

$$\eta_t = \frac{h_1 - h_2}{h_1 - h_3} = \frac{3448 - 2885}{3448 - 209.34} = 17.38\%$$

3）理想情况下的燃料利用系数（假定锅炉效率为 100%）为

$$\xi = \frac{(h_1 - h_2) + (h_2 - h_3)}{h_1 - h_3} = 100\%$$

10. 某热电厂装有一台功率为 100MW 的调节抽汽式汽轮机。已知其进汽参数为 $p_1 = 10 \text{MPa}$、$t_1 = 540 ℃$，凝汽器中的压力 $p_2 = 5 \text{kPa}$。在 $p_0 = 0.5 \text{MPa}$ 压力下，从汽轮机中抽出一

部分蒸汽，送往某化工厂作为工艺加热之用，假定凝结水全部返回热电厂，其温度为 40℃。若该化工厂需从热电厂获得 $7 \times 10^7 kJ/h$ 的供热量，试求该供热式汽轮机理论上每小时需要的蒸汽量。

【解】 该抽汽式供热机组热力循环的 $T\text{-}s$ 图如图 11-11 所示。

查 $h\text{-}s$ 图：据 $p_1 = 10MPa$，$t_1 = 540℃$ 查得主蒸汽比焓 $h_1 = 3478kJ/kg$，往下作垂线交 $p_0 = 0.5MPa$ 于 O 点，查得抽汽点比焓 $h_0 = 2710kJ/kg$，继续往下作垂线交 $p_2 = 5kPa$ 于 2 点，查得汽轮机排汽比焓 $h_2 = 2050kJ/kg$。

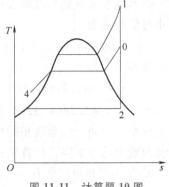

图 11-11 计算题 10 图

放热终态比焓为

$$h_4 = 4.1868t_4 = 4.1868 \times 40 kJ/kg = 167.472 kJ/kg$$

抽汽流量为

$$q_{m1} = \frac{7 \times 10^7}{(2710 - 167.472) \times 1000} t/h = 27.532 t/h$$

设该供热式汽轮机理论上每小时需要的蒸汽量为 q_m（t/h）

$$\frac{q_m(h_1 - h_0) + (q_m - q_{m1})(h_0 - h_2)}{3600} \times 1000 = 100 \times 10^3 kW$$

解得 $q_m = 264.83 t/h$。

11. 某发电厂汽轮机进汽压力 $p_1 = 4MPa$，温度 $t_1 = 480℃$，汽轮机相对内效率 $\eta_{ri} = 0.88$，夏天凝汽器中工作温度为 35℃，冬季水温下降，使凝汽器中工作温度保持在 15℃。忽略给水泵的功耗。试求：

1）汽轮机夏季按朗肯循环工作时的理想汽耗率和实际汽耗率。

2）由于冬夏凝汽器中工作温度不同而导致汽轮机的输出功和热效率的差别。

提示：湿饱和水蒸气的温度和压力是一一对应关系，根据凝汽器中工作温度可以查水蒸气热力性质表得到乏汽压力。再利用朗肯循环的计算公式可得到以下结果：

1）夏季：理想汽耗率为 $2.857 kg/(kW \cdot h)$，实际汽耗率为 $3.247 kg/(kW \cdot h)$。

2）夏季：汽轮机输出功为 $1108.8 kJ/kg$，热效率为 34.06%。

冬季：汽轮机输出功为 $1120.56 kJ/kg$，热效率为 36.55%。

可见，火力发电厂冬季运行的热效率比夏季高。

12. 某地热电站，其系统和工质参数如图 11-12 所示。热水经节流阀变成湿蒸汽进入扩容器，并在此分离成干饱和蒸汽和饱和水。干饱和蒸汽进入汽轮机膨胀做功，乏汽排入凝汽器凝结为水。若忽略整个装置的散热损失和管道的压力损失，试确定：

1）节流后扩容器所产生的蒸汽质量流量（kg/s）。

2）已知汽轮机的相对内效率为 $\eta_{ri} = 0.75$，求汽轮机发出的功率 $P(kW)$。

3）设地热电站所付出的代价为热水所能提供的热量，即热水自 90℃ 冷却到环境温度 28℃ 所放出的热量，求地热电站的热效率。

【解】 1）热水的比焓为

$$h_1 = 4.1868t_1 = 4.1868 \times 90 kJ/kg = 376.812 kJ/kg$$

由 $p_2 = 0.035MPa$，查饱和水和饱和蒸汽热力性质表得 $h' = 304.27 kJ/kg$，$h'' = 2630.69 kJ/kg$。

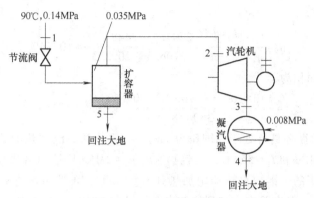

图 11-12　地热电站示意图

热水节流后的比焓不变，即

$$h_1 = xh'' + (1-x)h'$$

所以扩容器中水蒸气的干度为

$$x = \frac{h_1 - h'}{h'' - h'} = \frac{376.812 - 304.27}{2630.69 - 304.27} = 0.0312$$

经过扩容器汽水分离产生的干饱和蒸汽质量流量为

$$q_m = 240 \times 0.0312 \text{t/h} = 7.488 \text{t/h} = 2.08 \text{kg/s}$$

2）流入汽轮机的主蒸汽参数为 $p_2 = 0.035 \text{MPa}$，$h_2 = 2630.69 \text{kJ/kg}$，可逆绝热膨胀到乏汽压力 $p_3 = 0.008 \text{MPa}$，查 $h\text{-}s$ 图得汽轮机理想出口比焓 $h_3 = 2415 \text{kJ/kg}$。

汽轮机发出的实际功率为

$$P = 2.08 \times (2630.69 - 2415) \times 0.75 \text{kW} = 336.48 \text{kW}$$

3）地热电站的热效率为

$$\eta_t = \frac{336.48 \times 3600}{4.1868 \times (90 - 28) \times 240 \times 1000} = 1.94\%$$

13. 供在沙漠地区抽水用的一台小型太阳能发动机使用水蒸气作为工质。给水在 50℃ 的饱和液体状态进入一台小型离心泵，升压至 0.2MPa 后送入锅炉，锅炉在 0.2MPa 下使水汽化，所生成的饱和水蒸气进入该系统的小型汽轮机中，水蒸气离开汽轮机时干度为 0.94，温度为 50℃，随后进行冷凝，蒸汽流量为 140kg/h，假定不考虑水泵的耗功，集热器的集热能力为 800W/m^2。试计算该动力站的输出功率、循环效率和太阳能集热器面积。

【解】　汽轮机入口为 0.2MPa 干饱和蒸汽，查水和水蒸气热力性质表，得汽轮机主蒸汽比焓 $h_1 = 2706.53 \text{kJ/kg}$。

温度为 50℃ 时：$h' = 209.33 \text{kJ/kg}$，$h'' = 2591.19 \text{kJ/kg}$。

不考虑水泵耗功时，给水的比焓值为 $h_3 = h' = 209.33 \text{kJ/kg}$。

水蒸气离开汽轮机时的比焓为

$$h_2 = (1-x)h' + xh'' = [(1-0.94) \times 209.33 + 0.94 \times 2591.19] \text{kJ/kg} = 2448.278 \text{kJ/kg}$$

该动力站的输出功率为

$$P = \frac{140}{3600} \times (2706.53 - 2448.278) \text{kW} = 10.04 \text{kW}$$

循环效率为

$$\eta_t = \frac{w_T}{q_1} = \frac{h_1 - h_2}{h_1 - h_3} = \frac{2706.53 - 2448.278}{2706.53 - 209.33} = 10.34\%$$

太阳能集热器面积为

$$A = \frac{140 \times 1000 \times (2706.53 - 209.33)}{3600 \times 800} m^2 = 121.4 m^2$$

14. 某蒸汽动力循环具有处于相同压力下的一级再热和一级回热的装置。汽轮机高压缸进口参数为 $p_1 = 10MPa$ 和 $t_1 = 550℃$，等熵膨胀到 $p_2 = 2MPa$ 后被抽出部分蒸汽去混合式加热器中加热给水，余下的去锅炉再热器中加热到 $t_3 = 540℃$，再热蒸汽进入低压缸后等熵膨胀到 $p_4 = 15kPa$，乏汽在凝汽器中冷却到饱和水。流过凝汽器的循环冷却水由环境温度 20℃ 上升到 32℃，水的比热容取 4.1868kJ/(kg·K)。汽轮机的总功率为 100MW，不计水泵耗功。试确定：

1）该循环的 T-s 图。

2）回热抽汽的抽汽率 α。

3）每千克蒸汽在汽轮机中做的功和循环的热效率。

4）水蒸气流量、冷却水流量。

【解】 1）T-s 图如图 11-13 所示：

2）查 h-s 图：

据 $p_1 = 10MPa$, $t_1 = 550℃$ 查得：$h_1 = 3502kJ/kg$, $s_1 = 6.755kJ/(kg·K)$。

据 $s_2 = s_1$, $p_2 = 2MPa$ 查得：$h_2 = 3018kJ/kg$。

据 $p_3 = 2MPa$, $t_3 = 540℃$ 查得：$h_3 = 3557kJ/kg$, $s_3 = 7.54kJ/(kg·K)$。

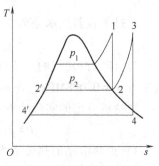

据 $s_4 = s_3$, $p_4 = 15kPa$ 查得：$h_4 = 2445kJ/kg$。

图 11-13 计算题 14 图

查水和水蒸气热力性质表得：$h_2' = 908.64kJ/kg$, $h_4' = 225.93kJ/kg$。

抽汽率为

$$\alpha = \frac{h_2' - h_4'}{h_2 - h_4'} = \frac{908.64 - 225.93}{3018 - 225.93} = 0.245$$

3）蒸汽在汽轮机中所做的功为

$$w_{net} = h_1 - h_2 + (1 - \alpha)(h_3 - h_4)$$
$$= [3502 - 3018 + (1 - 0.245)(3557 - 2445)]kJ/kg = 1323.56kJ/kg$$

循环吸热量为

$$q_1 = h_1 - h_2' + (1 - \alpha)(h_3 - h_2)$$
$$= [3502 - 908.64 + (1 - 0.245)(3557 - 3018)]kJ/kg$$
$$= 3000.31kJ/kg$$

热效率为

$$\eta_t = \frac{w_{net}}{q_1} = \frac{1323.56}{3000.31} = 44.11\%$$

4）水蒸气流量为

$$q_{mv} = \frac{P \times 3600}{w_{net} \times 1000} = \frac{100 \times 1000 \times 3600}{1323.56 \times 1000} \text{t/h} = 272\text{t/h}$$

冷却水流量为

$$q_{mw} = \frac{(1-\alpha) q_{mv} (h_4 - h_4')}{c_{pw} \Delta t_w}$$

$$= \frac{(1-0.245) \times 272 \times (2445 - 225.93)}{4.1868 \times (32-20)} \text{t/h} = 9070.34\text{t/h}$$

15. 某蒸汽动力装置的简图如图 11-14 所示。主蒸汽的参数为 $p_1 = 14\text{MPa}$，$t_1 = 540℃$。

蒸汽在汽轮机高压缸内等熵膨胀到 $p_2 = 3\text{MPa}$ 时引出，其中一部分引至 I 级回热器中加热给水，其余的蒸汽送到锅炉再热器等压加热至 $t_3 = 540℃$，然后送回汽轮机低压缸，等熵膨胀至 $p_4 = 0.5\text{MPa}$，再抽出一部分蒸汽至 II 级回热器中加热给水，剩余的蒸汽在汽轮机中继续等熵膨胀至 $p_5 = 0.005\text{MPa}$。设回热器都是混合式的，给水被加热至抽汽压力对应的饱和温度，不考虑水泵耗功。

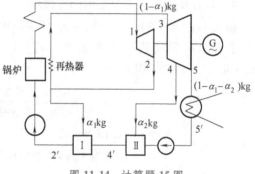

图 11-14　计算题 15 图

1）将此蒸汽动力循环画在 T-s 图上。

2）计算抽汽率 α_1 和 α_2。

3）计算循环的热效率。

4）和具有相同初、终参数的朗肯循环相比，热效率和乏汽干度提高多少？

【解】　1）T-s 图如图 11-15 所示。

2）查 h-s 图：

据 $p_1 = 14\text{MPa}$，$t_1 = 540℃$ 查得：$h_1 = 3435\text{kJ/kg}$。

从点 1 往下作垂线交 $p_2 = 3\text{MPa}$ 于点 2，查得：$h_2 = 2990\text{kJ/kg}$。

据 $p_3 = 3\text{MPa}$，$t_3 = 540℃$ 查得：$h_3 = 3548\text{kJ/kg}$。

从点 3 往下作垂线交抽汽压力线 $p_4 = 0.5\text{MPa}$ 于点 4，查得：$h_4 = 3000\text{kJ/kg}$。

继续往下作垂线交 $p_5 = 0.005\text{MPa}$ 于点 5，查得：$h_5 = 2237\text{kJ/kg}$，$x_5 = 0.866$。

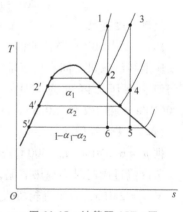

图 11-15　计算题 15T-s 图

查水和水蒸气热力性质表得：$h_2' = 1008.2\text{kJ/kg}$，$h_4' = 640.35\text{kJ/kg}$，$h_5' = 137.72\text{kJ/kg}$。

抽汽率为

$$\alpha_1 = \frac{h_2' - h_4'}{h_2 - h_4'} = \frac{1008.2 - 640.35}{2990 - 640.35} = 0.157$$

$$\alpha_2 = (1-\alpha_1) \frac{h_4' - h_5'}{h_4 - h_5'} = (1-0.157) \times \frac{640.35 - 137.72}{3000 - 137.72} = 0.148$$

3）循环净功为

$$w_{net} = h_1 - h_2 + (1-\alpha_1)(h_3-h_4) + (1-\alpha_1-\alpha_2)(h_4-h_5)$$
$$= [3435-2990+(1-0.157)\times(3548-3000)+(1-0.157-0.148)\times(3000-2237)] kJ/kg$$
$$= 1437.25 kJ/kg$$

循环吸热量为

$$q_1 = h_1 - h_2' + (1-\alpha_1)(h_3-h_2) = 2897.19 kJ/kg$$

循环热效率为

$$\eta_t = \frac{w_{net}}{q_1} = \frac{1437.25}{2897.19} = 49.61\%$$

4）具有相同初、终参数的朗肯循环：

据 $s_6 = s_1 = 6.53 kJ/(kg \cdot K)$，$p_6 = 0.005 MPa$。

查水和水蒸气热力性质表得：$h_6' = 137.72 kJ/kg$，$h_6'' = 2560.55 kJ/kg$，$s_6' = 0.4761 kJ/(kg \cdot K)$，$s_6'' = 8.3930 kJ/(kg \cdot K)$。

$$x_6 = \frac{s_6 - s_6'}{s_6'' - s_6'} = \frac{6.53-0.4761}{8.3930-0.4761} = 0.765$$

$$h_6 = (1-x_6)h_6' + x_6 h_6''$$
$$= [(1-0.765)\times137.72+0.765\times2560.55] kJ/kg = 1991.185 kJ/kg$$

热效率为

$$\eta_t' = \frac{h_1-h_6}{h_1-h_6'} = \frac{3435-1991.185}{3435-137.72} = 43.79\%$$

热效率提高

$$\Delta\eta_t = \eta_t - \eta_t' = 49.61\% - 43.79\% = 5.82\%$$

乏汽干度提高　　　　$\Delta x = x_5 - x_6 = 0.866 - 0.765 = 0.101$

16. 一采用 BWR 特征的朗肯循环蒸汽动力厂，输出的净功率为 500MW，其一个阀门位于反应堆和汽轮机之间。反应堆中水的压力为 6.8MPa，并且在 300℃ 离开时为稍过热蒸汽。阀门使蒸汽压力降低为 2MPa，然后蒸汽进入 $\eta_{ri} = 0.80$ 的汽轮机。冷凝时的压力为 0.006MPa，泵的效率为 0.85。试分析汽轮机和泵的功量、循环效率、工质流量。

【解】　查 h-s 图：

据 $p_0 = 6.8 MPa$，$t_0 = 300℃$ 查得阀门前蒸汽比焓：$h_0 = 2850 kJ/kg$。

蒸汽流过阀门时为绝热节流，阀门后与阀门前比焓相等 $h_1 = h_0 = 2850 kJ/kg$。

又 $p_1 = 2 MPa$，查得汽轮机入口蒸汽比熵：$s_1 = 6.44 kJ/(kg \cdot K)$。

如果将蒸汽在汽轮机中的过程视为可逆绝热过程，则汽轮机排汽参数 $s_2 = s_1$。

查水和水蒸气热力性质表，$p_2 = 0.006 MPa$ 对应的饱和参数为：$h_2' = 151.47 kJ/kg$，$h_2'' = 2566.48 kJ/kg$，$s_2' = 0.5208 kJ/(kg \cdot K)$，$s_2'' = 8.3283 kJ/(kg \cdot K)$。

排汽干度为

$$x_2 = \frac{s_2 - s_2'}{s_2'' - s_2'} = \frac{6.44-0.5208}{8.3283-0.5208} = 0.758$$

理想排汽比焓为

$$h_2 = (1-x_2)h_2' + x_2 h_2''$$
$$= [(1-0.758)\times151.47 + 0.758\times2566.48]\text{kJ/kg} = 1982.05\text{kJ/kg}$$

汽轮机实际的功量为

$$w_T = \eta_{ri}(h_1-h_2) = 0.8\times(2850-1982.05)\text{kJ/kg} = 694.36\text{kJ/kg}$$

泵消耗的功为

$$w_P = \frac{\left|-\int_1^2 v\,\mathrm{d}p\right|}{\eta_P} = \frac{v(p_2-p_1)}{\eta_P} = \frac{0.001\times(6.8\times10^3-6)}{0.85}\text{kJ/kg} = 7.993\text{kJ/kg}$$

反应堆入口比焓为

$$h_4 = h_2' + w_P = (151.47+7.993)\text{kJ/kg} = 159.463\text{kJ/kg}$$

循环吸热量为

$$q_1 = h_0 - h_4 = (2850-159.463)\text{kJ/kg} = 2690.537\text{kJ/kg}$$

循环热效率为

$$\eta_t = \frac{w_T-w_P}{q_1} = \frac{694.36-7.993}{2690.537} = 25.5\%$$

工质流量为

$$q_m = \frac{P\times3600}{(w_T-w_P)\times1000} = \frac{500\times1000\times3600}{(694.36-7.993)\times1000}\text{t/h} = 2622.5\text{t/h}$$

17. 某朗肯循环，主蒸汽流量为300t/h，汽轮机入口参数为 $p_1=10\text{MPa}$、$t_1=520℃$。汽轮机排汽压力为8kPa，干度为0.88。设乏汽在空冷凝汽器被等压冷却到饱和水状态，凝结放出的热量全部被空气带走。空气入口为环境温度20℃，出口温度为37℃。不考虑水泵与风机的耗功，求：

1）画出该朗肯循环的 T-s 图。

2）汽轮机的相对内效率。

3）汽轮机的实际输出功率（kW）。

4）循环效率。

5）空气的流量（kg/s）。

6）每秒钟在空冷凝汽器不可逆传热引起的熵增及做功能力损失。设空气的比定压热容为定值，$c_p = 1.004\text{kJ/(kg·K)}$。

【解】 1）该循环的 T-s 图如图 11-16 所示。

查水蒸气热力性质表：

当 $p_1 = 10\text{MPa}$，$t_1 = 520℃$ 时，$h_1 = 3423.8\text{kJ/kg}$，$s_1 = 6.6605\text{kJ/(kg·K)}$。

当 $p_2 = 8\text{kPa}$ 时，$h' = 173.81\text{kJ/kg}$，$s' = 0.5924\text{kJ/(kg·K)}$，$h'' = 2576.06\text{kJ/kg}$，$s'' = 8.2266\text{kJ/(kg·K)}$。

2）$s_{2a} = (0.88\times8.2266 + 0.12\times0.5924)\text{kJ/(kg·K)} = 7.31\text{kJ/(kg·K)}$

$$h_{2a} = (0.88\times2576.06 + 0.12\times173.81)\text{kJ/kg} = 2287.79\text{kJ/kg}$$

由 $s_1 = s_2$ 得

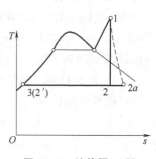

图 11-16 计算题 17 图

$$6.6605 = 8.2266x_2 + (1-x_2) \times 0.5924$$

解得　$x_2 = 0.7949$

$$h_2 = (0.7949 \times 2576.06 + 0.2051 \times 173.81)\text{kJ/kg} = 2083.36\text{kJ/kg}$$

汽轮机相对内效率为

$$\eta_{ri} = \frac{h_1 - h_{2a}}{h_1 - h_2} = \frac{3423.8 - 2287.79}{3423.8 - 2083.36} = 84.75\%$$

3）汽轮机的实际输出功率为

$$P = \frac{300 \times 10^3 \times (3423.8 - 2287.79)}{3600}\text{kW} = 9.47 \times 10^4\text{kW}$$

4）循环效率为

$$\eta_t = \frac{3423.8 - 2287.79}{3423.8 - 173.81} = 34.95\%$$

5）空气吸收的热量=乏汽放出的热量

即　　　　$m_a \times 1.004 \times (37-20) = 300\text{t/h} \times 10^3 \times (2287.79 - 173.81) \div 3600$

解得空气的流量为 10321.36kg/s。

空气和乏汽之间不可逆传热，每秒钟的熵产为

$$\Delta S_g = \left[\frac{300 \times 10^3}{3600} \times (0.5924 - 7.31) + 10321.36 \times 1.004 \times \ln\frac{37+273.15}{20+273.15}\right]\text{kJ/K} = 24.36\text{kJ/K}$$

做功能力损失为

$$I = T_0 \Delta S_g = 293.15 \times 24.36\text{kJ/s} = 7.141 \times 10^3\text{kJ/s}$$

18. 某理想蒸气循环采用二次再热，主蒸汽压力 $p_1 = 25\text{MPa}$，主蒸汽温度 $t_1 = 600℃$，第一次再热压力 $p_2 = 8\text{MPa}$，再热后的温度 $t_3 = 580℃$，第二次再热压力 $p_3 = 2\text{MPa}$，再热后的温度 $t_5 = 580℃$，乏汽压力为 10kPa，不计水泵耗功。求：

1）画出此二次再热循环的 T-s 图。

2）平均吸热温度。

3）循环热效率。

4）在初、终参数相同的条件下，与不再热相比乏汽干度提高多少？

【解】　1）此二次再热循环的 T-s 图如图 11-17 所示。

查水蒸气焓熵图得：$h_1 = 3495\text{kJ/kg}$，$h_2 = 3140\text{kJ/kg}$，$h_3 = 3595\text{kJ/kg}$，$h_4 = 3150\text{kJ/kg}$，$h_5 = 3646\text{kJ/kg}$，$h_6 = 2425\text{kJ/kg}$，$s_5 = 7.62\text{kJ/(kg·K)}$，$s_{6'} = 0.649\text{kJ/(kg·K)}$，$x_2 = 0.762$，$x_6 = 0.932$。

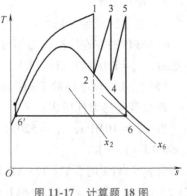

图 11-17　计算题 18 图

$$h_6' = 45 \times 4.1868\text{kJ/kg} = 188.4\text{kJ/kg}$$

2）循环吸热量为

$$q_1 = h_1 - h_6' + h_3 - h_2 + h_5 - h_4$$
$$= (3495 - 188.4 + 3595 - 3140 + 3646 - 3150)\text{kJ/kg} = 4257.6\text{kJ/kg}$$

平均吸热温度为

$$\overline{T_1} = \frac{q_1}{\Delta s} = \frac{4257.6}{7.62 - 0.649} \text{K} = 610.76 \text{K}$$

3）循环放热量为

$$q_2 = h_6 - h_6' = (2425 - 188.4) \text{kJ/kg} = 2236.6 \text{kJ/kg}$$

循环热效率为

$$\eta_t = 1 - \frac{q_2}{q_1} = 1 - \frac{2236.6}{4257.6} = 47.47\%$$

4）干度提高 $\quad \Delta x = x_6 - x_2 = 0.932 - 0.762 = 0.17$

第12章

气体动力装置循环

12.1　本章知识要点

1. 燃气轮机等压加热理想循环★

燃气轮机等压加热理想循环，又称为布雷顿循环，这个循环的 p-v 图和 T-s 图如图 12-1 所示。

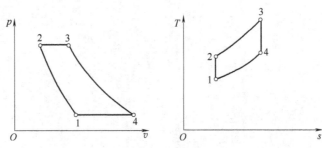

图 12-1　燃气轮机等压加热理想循环

循环热效率为

$$\eta_{\mathrm{t}} = 1 - \frac{1}{\pi^{\frac{\kappa-1}{\kappa}}}　\quad (12\text{-}1)$$

上式中 $\pi = \dfrac{p_2}{p_1}$ 称为燃气轮机的循环增压比。

2. 燃气轮机装置实际循环★

这里主要考虑压缩过程和膨胀过程中存在的不可逆性。如图 12-2 所示，虚线 1-2′ 表示压气机中的不可逆绝热压缩过程，虚线 3-4′ 表示燃气透平中的不可逆绝热膨胀过程。

压气机的实际耗功为

$$w_{\mathrm{C}}' = h_{2'} - h_1 = \frac{1}{\eta_{\mathrm{C},s}}(h_2 - h_1)　\quad (12\text{-}2)$$

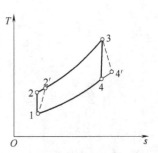

图 12-2　燃气轮机装置
实际循环的 T-s 图

燃气轮机的不可逆性用相对内效率来表示，即

$$\eta_{ri}=\frac{w'_T}{w_T}=\frac{h_3-h_{4'}}{h_3-h_4} \tag{12-3}$$

燃气轮机的实际做功为

$$w'_T=h_3-h'_4=\eta_{ri}(h_3-h_4)$$

实际循环的循环净功为

$$w'_{net}=w'_T-w'_C$$

实际循环中气体的吸热量为

$$q_1=h_3-h_{2'}$$

因而实际循环的热效率为

$$\eta_t=\frac{w'_{net}}{q_1}=\frac{w'_T-w'_C}{h_3-h_{2'}} \tag{12-4}$$

3. 带回热的燃气轮机装置循环

燃气轮机装置回热时的 T-s 图如图 12-3 所示。

回热度表示的是在回热器中实际传递的热量与极限情况下传递的热量之比。回热度用 σ 表示，即

$$\sigma=\frac{h_7-h_2}{h_5-h_2}=\frac{h_7-h_2}{h_4-h_2}=\frac{T_7-T_2}{T_4-T_2} \tag{12-5}$$

4. 燃气-蒸汽联合循环★

燃气-蒸汽联合循环就是以燃气轮机装置作为顶循环，蒸汽动力装置作为底循环，分别有燃气、水蒸气两种工质做功的联合循环，如图 12-4 所示。

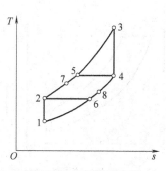

图 12-3　燃气轮机装置
回热时的 T-s 图

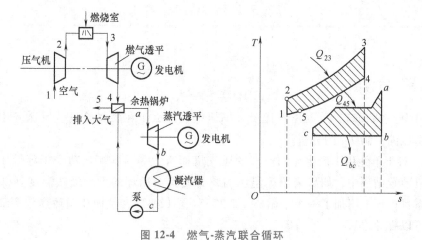

图 12-4　燃气-蒸汽联合循环

5. 活塞式内燃机循环

（1）等容加热循环　等容加热理想循环是汽油机实际工作循环的理想化，它是德国工程师奥托（Otto）于 1876 年提出的，因此又称为奥托循环。奥托循环可以表示在 p-v 图和 T-s 图上，如图 12-5 所示。

（2）等压加热循环　内燃机理想等压加热循环又称为狄塞尔（Diesel）循环。早期的低速柴油机采用的是这种循环，它是一种以柴油为燃料，空气和燃料分别压缩的压燃式内燃机。内燃机理想等压加热循环也可以表示在 $p\text{-}v$ 图和 $T\text{-}s$ 图上，如图 12-6 所示。

由于这种柴油机必须附带压气机，设备庞大笨重，故已被淘汰。

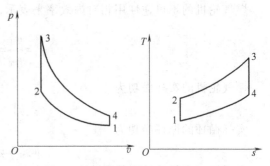

图 12-5　奥托循环的 $p\text{-}v$ 图和 $T\text{-}s$ 图

（3）混合加热循环　内燃机理想混合加热循环又称为萨巴德（Sabathe）循环。现行的柴油机都是在这种循环基础上设计制造的。所谓混合加热是指既有等压加热又有等容加热。图 12-7 所示为内燃机理想混合加热循环的 $p\text{-}v$ 图和 $T\text{-}s$ 图。

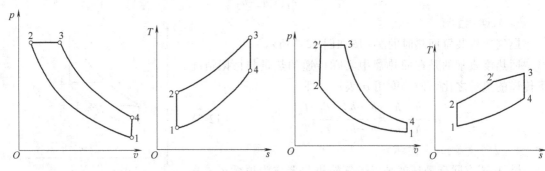

图 12-6　内燃机理想等压加热循环的 $p\text{-}v$ 图和 $T\text{-}s$ 图　　图 12-7　内燃机理想混合加热循环的 $p\text{-}v$ 图和 $T\text{-}s$ 图

12.2　习题解答

12.2.1　简答题

1. 对于压气机而言，等温压缩优于等熵压缩，那么，在燃气轮机装置循环中，是否也应采用等温压缩？画 $T\text{-}s$ 图分析。

【答】　对于单纯用于产生压缩空气的压气机而言，等温压缩耗功少于等熵压缩。但是在燃气轮机装置循环中，如果采用等温压缩，会使整个循环的平均吸热温度降低［相当于在原有布雷顿循环上附加了一个小循环 1-2-2'-1（图 12-8）］，从而使循环热效率降低。有兴趣的同学可以推导之。

2. 燃气轮机用于动力循环有何优点？

【答】　采用燃气轮机装置用于动力循环的主要优点有：①启停快捷，调峰性能好；②循环效率高，燃气-蒸汽联合循环发电效率可达 60% 左右；③采用油或天然气为燃料，燃烧效率高，污染小；④无需煤场、输煤系统、除灰系统，厂区占地面积比燃煤火力发电厂小很多；⑤耗水量少；⑥建厂周期短。

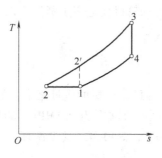

图 12-8 简答题 1 图

3. 活塞式内燃机循环的 p-v 图如图 12-9 所示。如果膨胀过程不在状态 5 结束而是继续膨胀到状态 6，压力降到环境压力再排气，从图中可以看出循环吸热量没有变而循环净功增加了，热效率将提高。实际上能否采用 1-2-3-4-5-6-1 这个循环呢？为什么？

【答】 对于活塞式内燃机来说，活塞只能在气缸限定的范围内移动，气体膨胀到 5 点后已经到达右"死点"，无法继续膨胀，只能往左运动开始排气行程。

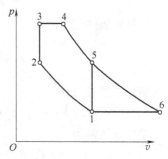

图 12-9 简答题 3 图

4. 试简述动力装置循环的共同特点。

【答】 所有动力装置循环的共同特点是工质都要从高温热源吸收热量，向低温热源排放热量，有循环净功输出，循环表示在 T-s 图和 p-v 图均为顺时针方向。

5. 请通过互联网查找斯特林（Stirling）发动机的原理及应用情况。

【答】 略。

6. 程氏循环又称为注蒸汽燃气轮机循环，是由美籍华人 D. Y. Cheng 于 1976 年提出并申请了专利的新循环，请通过互联网了解程氏循环的原理，并分析此种循环的优缺点。

【答】 略。

12.2.2 填空题

1. 某燃气轮机理想等压加热循环，压气机入口温度为 20℃，出口温度为 200℃，则该循环的热效率为_____。

2. 燃气轮机装置循环又称为_____循环。

3. 当今世界发电效率最高的循环是_____循环。

4. 提高等容加热内燃机循环热效率的主要措施是_____，但受限制。

答案：1. 38.04%；2. 布雷顿；3. 燃气-蒸汽联合；4. 压缩比。

12.2.3 判断题

1. 奥托循环的加热过程为等容加热。（   ）

2. 燃气轮机等压加热循环采用多级压缩级间冷却可以减少压气机耗功，从而可以提高循环的热效率。（   ）

3. 燃气轮机等压加热理想循环的热效率取决于增压比，与循环最高温度无关。（   ）

4. 燃气-蒸汽联合循环中，燃气轮机发电多于蒸汽轮机发电。（　　）

答案：1. √；2. ×；3. √；4. √。

12.2.4　计算题

1. 某燃气轮机装置理想循环，已知工质的质量流量为 15kg/s，增压比 $\pi = 10$，燃气轮机透平入口温度 $T_3 = 1200K$，压气机入口状态为 0.1MPa、20℃，假设工质是空气，且比定压热容为定值，$c_p = 1.004kJ/(kg \cdot K)$，$\kappa = 1.4$。试求循环的热效率、输出的净功率及燃气轮机排气温度。

【解】　压气机出口温度为

$$T_2 = T_1 \pi^{\frac{\kappa-1}{\kappa}} = 293.15 \times 10^{\frac{1.4-1}{1.4}} K = 565.98K$$

燃气轮机排气温度为

$$T_4 = T_3 \left(\frac{1}{\pi}\right)^{\frac{\kappa-1}{\kappa}} = 1200 \times 0.1^{\frac{1.4-1}{1.4}} K = 621.54K$$

循环吸热量为

$$q_1 = c_p(T_3 - T_2) = 1.004 \times (1200 - 565.98)kJ/kg = 636.56kJ/kg$$

循环放热量为

$$q_2 = c_p(T_4 - T_1) = 1.004 \times (621.54 - 293.15)kJ/kg = 329.70kJ/kg$$

循环热效率为

$$\eta_t = 1 - \frac{q_2}{q_1} = 1 - \frac{329.7}{636.56} = 48.2\%$$

或

$$\eta_t = 1 - \frac{1}{\pi^{\frac{\kappa-1}{\kappa}}} = 1 - \frac{1}{10^{\frac{1.4-1}{1.4}}} = 48.2\%$$

输出的净功为

$$w_{net} = q_1 - q_2 = (636.56 - 329.70)kJ/kg = 306.86kJ/kg$$

输出的净功率为

$$P = 306.86 \times 15kW = 4602.9kW$$

2. 某燃气轮机等压加热理想循环采用极限回热。已知压气机入口状态为 0.1MPa、25℃，增压比 $\pi = 6$，燃气透平入口温度 $t_3 = 1000℃$，假设工质是空气，且比定压热容为定值，$c_p = 1.004kJ/(kg \cdot K)$，$\kappa = 1.4$。求：

1）循环热效率是多少？与不采用极限回热相比，热效率提高多少？

2）如果 t_1、t_3、p_1 维持不变，增压比 π 增大到何值时，将不能采用回热？

【解】　此循环的 T-s 图如图 12-10 所示。

1）极限回热时：

$$T_6 = T_2 = T_1 \pi^{\frac{\kappa-1}{\kappa}} = 298.15 \times 6^{\frac{1.4-1}{1.4}} K = 497.47K$$

$$T_5 = T_4 = T_3 \left(\frac{1}{\pi}\right)^{\frac{\kappa-1}{\kappa}} = 1273.15 \times \left(\frac{1}{6}\right)^{\frac{1.4-1}{1.4}} K = 763.05K$$

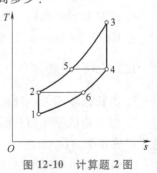

图 12-10　计算题 2 图

循环吸热量为

$$q_1 = c_p(T_3 - T_5)$$

循环放热量为

$$q_2 = c_p(T_6 - T_1)$$

循环热效率为

$$\eta_t = 1 - \frac{q_2}{q_1} = 1 - \frac{T_6 - T_1}{T_3 - T_5} = 1 - \frac{497.47 - 298.15}{1273.15 - 763.05} = 60.9\%$$

不采用回热时

$$\eta_t = 1 - \frac{1}{\pi^{\frac{\kappa-1}{\kappa}}} = 1 - \frac{1}{6^{\frac{1.4-1}{1.4}}} = 40.1\%$$

可见，采用极限回热后热效率提高：$60.9\% - 40.1\% = 20.8\%$

2）当 π 增大到使 $T_5 = T_6$ 时，将无法再采用回热。

$$T_5 = T_3\left(\frac{1}{\pi}\right)^{\frac{\kappa-1}{\kappa}} = T_1 \pi^{\frac{\kappa-1}{\kappa}} = T_6$$

可得

$$\pi = \left(\frac{T_3}{T_1}\right)^{\frac{\kappa}{2(\kappa-1)}} = \left(\frac{1273.15}{298.15}\right)^{\frac{1.4}{2\times(1.4-1)}} = 12.68$$

3. 燃气轮机装置等压加热理想循环的工作条件为：最高压力 $p_H = 0.5\text{MPa}$，最高温度 $t_H = 900℃$，最低压力 $p_L = 0.1\text{MPa}$，最低温度 $t_L = 20℃$。分别求无回热和极限回热时循环的热效率及循环净功。设工质为空气，比热容为定值。

【解】 1）无回热时：

$$\eta_t = 1 - \frac{1}{\pi^{\frac{\kappa-1}{\kappa}}} = 1 - \frac{1}{5^{\frac{1.4-1}{1.4}}} = 36.86\%$$

$$T_2 = T_1 \pi^{\frac{\kappa-1}{\kappa}} = 293.15 \times 5^{\frac{1.4-1}{1.4}}\text{K} = 464.30\text{K}$$

循环吸热量为

$$q_1 = c_p(T_3 - T_2) = 1.004 \times (1173.15 - 464.3)\text{kJ/kg} = 711.69\text{kJ/kg}$$

循环净功

$$w_{net} = \eta_t q_1 = 36.86\% \times 711.69\text{kJ/kg} = 262.33\text{kJ/kg}$$

2）采用极限回热时：

此循环的 T-s 图如图 12-11 所示。

$$T_6 = T_2 = T_L \pi^{\frac{\kappa-1}{\kappa}} = 293.15 \times 5^{\frac{1.4-1}{1.4}}\text{K} = 464.30\text{K}$$

$$T_5 = T_4 = T_H\left(\frac{1}{\pi}\right)^{\frac{\kappa-1}{\kappa}} = 1173.15 \times \left(\frac{1}{5}\right)^{\frac{1.4-1}{1.4}}\text{K} = 740.71\text{K}$$

循环吸热量为

$$q_1 = c_p(T_3 - T_5) = 1.004 \times (1173.15 - 740.71)\text{kJ/kg} = 434.17\text{kJ/kg}$$

循环放热量为

$$q_2 = c_p(T_6 - T_1)$$

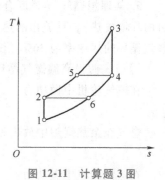

图 12-11 计算题 3 图

循环热效率为

$$\eta_t = 1 - \frac{q_2}{q_1} = 1 - \frac{T_6 - T_1}{T_3 - T_5} = 1 - \frac{464.30 - 293.15}{1173.15 - 740.7} = 60.4\%$$

循环净功为

$$w_{net} = \eta_t q_1 = 60.4\% \times 434.17 kJ/kg = 262.24 kJ/kg$$

4. 某燃气轮机装置理想循环，增压比 $\pi = 8$，压气机入口状态为 $0.1MPa$、$17℃$，燃气轮机入口温度 $T_3 = 1250K$。假设工质是空气，且比定压热容为定值，$c_p = 1.004 kJ/(kg \cdot K)$，$\kappa = 1.4$。求：

1）平均吸热温度和平均放热温度。

2）循环热效率。

【解】 $T_2 = T_1 \pi^{\frac{\kappa-1}{\kappa}} = 290.15 \times 8^{\frac{1.4-1}{1.4}} K = 525.59 K$

$$T_4 = T_3 \left(\frac{1}{\pi}\right)^{\frac{\kappa-1}{\kappa}} = 1250 \times \left(\frac{1}{8}\right)^{\frac{1.4-1}{1.4}} K = 690.06 K$$

对于燃气轮机装置理想循环，吸热过程熵的变化和放热过程熵的变化相同，为

$$\Delta s = c_p \ln \frac{T_3}{T_2} = 1.004 \times \ln \frac{1250}{525.59} kJ/(kg \cdot K) = 0.8698 kJ/(kg \cdot K)$$

平均吸热温度为

$$\bar{T}_1 = \frac{q_1}{\Delta s} = \frac{1.004 \times (1250 - 525.59)}{0.8698} K = 836.18 K$$

平均放热温度为

$$\bar{T}_2 = \frac{q_2}{\Delta s} = \frac{1.004 \times (690.06 - 290.15)}{0.8698} K = 461.61 K$$

循环热效率为

$$\eta_t = 1 - \frac{\bar{T}_2}{\bar{T}_1} = 1 - \frac{461.61}{836.18} = 44.8\%$$

或者

$$\eta_t = 1 - \frac{1}{\pi^{\frac{\kappa-1}{\kappa}}} = 1 - \frac{1}{8^{\frac{1.4-1}{1.4}}} = 44.8\%$$

5. 某理想燃气-蒸汽联合循环，假设燃气在余热锅炉中可放热至压气机入口温度（即不再向环境放热），且放出的热量全部被蒸汽循环吸收。高温燃气循环的热效率为28%，低温蒸汽循环的热效率为36%。试求联合循环的热效率。

【解】 假设高温燃气循环中热源提供了100kJ热量。

在燃气轮机中做功为

$$w_1 = 100 \times 28\% kJ = 28 kJ$$

燃气在余热锅炉中放热为

$$q_2 = q_1 - w_1 = 72 kJ$$

在蒸汽轮机中做功为

$$w_2 = 72×36\% \text{kJ} = 25.92 \text{kJ}$$

则联合循环的热效率为

$$\eta_t = \frac{28+25.92}{100} = 53.92\%$$

6. 有人建议利用来自海洋的甲烷气体来发电，将甲烷作为燃气-蒸汽联合循环的燃料。此装置建在海面平台上，可以将废热排入海洋中，设计条件如下：

压气机入口空气条件：0.1MPa，20℃

压气机增压比：$\pi = 10$

燃气透平入口温度：1200℃

蒸汽轮机入口参数：6MPa，320℃

蒸汽冷凝温度：15℃

压气机效率：87%

燃气轮机相对内效率：90%

蒸汽轮机相对内效率：92%

余热锅炉中废气排出温：100℃

机组功率：100MW

试计算联合循环的热效率、空气和水蒸气的质量流量（t/h）。如果在 0.1MPa、20℃下燃料的低位发热量为 38000kJ/m³，试计算为了满足输出功率，需要 1.0MPa、50℃下燃料的体积流量是多少（m³/h）？

【解】 设空气和水蒸气的质量流量分别为 m_a、m_w，此循环的 $T\text{-}s$ 图如图 12-12 所示。

$$T_2 = T_1 \pi^{\frac{\kappa-1}{\kappa}} = 293.15×10^{\frac{1.4-1}{1.4}} \text{K} = 565.98 \text{K}$$

$$T_4 = T_3 \left(\frac{1}{\pi}\right)^{\frac{\kappa-1}{\kappa}} = 1473.15×\left(\frac{1}{10}\right)^{\frac{1.4-1}{1.4}} \text{K} = 763.01 \text{K}$$

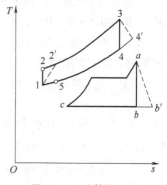

图 12-12 计算题 6 图

由压气机效率定义有

$$\eta_{C,s} = \frac{T_2-T_1}{T_2'-T_1} = \frac{565.98-293.15}{T_2'-293.15} = 87\%$$

解得 $T_2' = 606.75 \text{K}$

由燃气轮机相对内效率定义有

$$\eta_{ri} = \frac{T_3-T_4'}{T_3-T_4} = \frac{1473.15-T_4'}{1473.15-763.01} = 90\%$$

解得 $T_4' = 834.02 \text{K}$

水蒸气的参数：

由 6MPa，320℃查得 $h_a = 2951.3 \text{kJ/kg}$，$s_a = 6.1826 \text{kJ/(kg·K)}$。

蒸汽冷凝温度 15℃对应的饱和压力参数为：$h' = 62.95 \text{kJ/kg} = h_c$，$h'' = 2528.07 \text{kJ/kg}$，$s' = 0.2243 \text{kJ/(kg·K)}$，$s'' = 8.7794 \text{kJ/(kg·K)}$。

由于 $s_a = s_b$

所以 $6.1826 = 8.7794x + (1-x)×0.2243$

解得 $x_b = 0.6965$

$$h_b = [0.6965 \times 2528.07 + (1-0.6965) \times 62.95] \text{kJ/kg} = 1779.9 \text{kJ/kg}$$

由蒸汽轮机相对内效率定义有

$$\eta_{ri} = \frac{h_a - h_b'}{h_a - h_b} = \frac{2951.3 - h_b'}{2951.3 - 1779.9} = 92\%$$

解得 $h_b' = 1873.61 \text{kJ/kg}$

机组功率方程为 $\dfrac{m_a c_p [(T_3 - T_4') - (T_2' - T_1)] + m_w (h_a - h_b')}{3600} \times 1000 = 10^5 \text{kW}$

余热锅炉热平衡方程为 $m_a c_p (T_4' - T_5) = m_w (h_a - h_c)$

解得 $m_a = 720.73 \text{t/h}$，$m_w = 115.46 \text{t/h}$

机组的热效率为

$$\eta_t = \frac{10^5 \times 3600}{m_a c_p (T_3 - T_2') \times 10^3} = \frac{10^5 \times 3600}{720.73 \times 1.004 \times (1473.15 - 606.75) \times 10^3} = 57.42\%$$

设燃料的体积流量为 $V_{燃}$ m^3/h，有

$$38000 V_{燃} = 720.73 \times 10^3 \times 1.004 \times (1473.15 - 606.75)$$

解得

$$V_{燃} = 16498.37 \quad (\text{m}^3/\text{h})$$

转化成 1.0MPa、50℃状态，体积流量为

$$V = \frac{16498.37 \times (273.15 + 50) \times 0.1}{1.0 \times (273.15 + 20)} \text{m}^3/\text{h} = 1818.68 \text{m}^3/\text{h}$$

7. 活塞式内燃机等容加热理想循环的工作环境为 100kPa 和 20℃，若每千克进气加热 2500kJ，当压缩比为 6 时，求循环的最高温度和理论循环热效率。

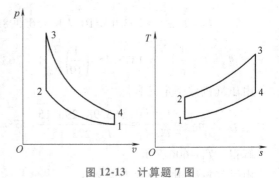

图 12-13　计算题 7 图

【解】　此循环的 $p\text{-}v$ 图和 $T\text{-}s$ 图如图 12-13 所示。

$T_2 = T_1 \varepsilon^{\kappa - 1} = 293.15 \times 6^{1.4-1} \text{K} = 600.275 \text{K}$

$2500 \text{kJ/kg} = c_v (T_3 - T_2) = 0.717 \text{kJ/(kg} \cdot \text{K)} \times (T_3 - 600.275 \text{K})$

解得最高温度 $T_3 = 4087.025 \text{K}$

循环热效率为

$$\eta_t = 1 - \frac{1}{\varepsilon^{\kappa-1}} = 1 - 6^{-0.4} = 51.16\%$$

8. 以空气为工质的理想循环，空气的初参数为 $p_1 = 3.45 \text{MPa}$，$t_1 = 230℃$，等温膨胀到 $p_2 = 2 \text{MPa}$，再绝热膨胀到 $p_3 = 0.14 \text{MPa}$，经等压冷却后，再绝热压缩回初态。求循环净功和循环热效率，并将此循环表示在 $p\text{-}v$ 图和 $T\text{-}s$ 图上。设空气的比定压热容为定值，$c_p = 1.004 \text{kJ/(kg} \cdot \text{K)}$，$\kappa = 1.4$。

【解】　此循环的 $p\text{-}v$ 图和 $T\text{-}s$ 图见图 12-14。

2-3 为可逆绝热过程，有

$$T_3 = T_2\left(\frac{p_3}{p_2}\right)^{\frac{\kappa-1}{\kappa}} = 503.15 \times \left(\frac{0.14}{2}\right)^{\frac{1.4-1}{1.4}}\text{K} = 235.36\text{K}$$

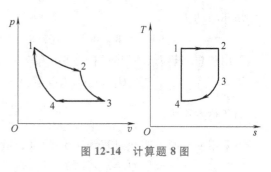

图 12-14 计算题 8 图

由 $\Delta s_{1\text{-}2} = \Delta s_{4\text{-}3}$ 有

$$R_g\ln\frac{p_1}{p_2} = c_p\ln\frac{T_3}{T_4} = \frac{\kappa}{\kappa-1}R_g\ln\frac{T_3}{T_4}$$

$$T_4 = T_3\left(\frac{p_2}{p_1}\right)^{\frac{\kappa-1}{\kappa}} = 235.36 \times \left(\frac{2}{3.45}\right)^{\frac{1.4-1}{1.4}}\text{K} = 201.41\text{K}$$

1-2 为等温膨胀（吸热）过程，吸热
量为

$$q_1 = R_g T_1 \ln\frac{p_1}{p_2}$$

3-4 为等压放热过程，放热量为

$$q_2 = c_p(T_3 - T_4)$$

循环热效率为

$$\eta_t = 1 - \frac{q_2}{q_1} = 1 - \frac{c_p(T_3-T_4)}{R_g T_1 \ln\frac{p_1}{p_2}} = 1 - \frac{\kappa}{\kappa-1}\frac{T_3-T_4}{T_1\ln\frac{p_1}{p_2}} = 56.7\%$$

循环净功为

$$w_{\text{net}} = q_1\eta_t = 0.287 \times 503.15 \times \ln\frac{3.45}{2} \times 56.7\%\text{kJ/kg} = 44.64\text{kJ/kg}$$

9. 有一个两级绝热压缩中间冷却和两级绝热膨胀中间再热的燃气轮机装置理想循环。
压气机每级增压比为 2.5，参数为 25℃、100kPa、流量为 24.4m³/s 的空气进入第一级压气
机，中间冷却至 25℃ 进入第二级压气机，后被加热到 1000℃，进入第一级燃气透平，中间
再热压力与中间冷却压力相同，中间再热后的温度为 1000℃，然后进入第二级燃气透平。
试在 T-s 图上画出该循环，计算压气机的耗功量和燃气轮机
的做功量以及采用理想回热与不采用回热时的循环热效率。

【解】 该循环的 T-s 图如图 12-15 所示。

$$T_2 = T_4 = T_1\pi^{\frac{\kappa-1}{\kappa}} = 298.15 \times 2.5^{\frac{1.4-1}{1.4}}\text{K} = 387.38\text{K}$$

$$T_7 = T_9 = T_6\left(\frac{1}{\pi}\right)^{\frac{\kappa-1}{\kappa}} = 1273.15 \times \left(\frac{1}{2.5}\right)^{\frac{1.4-1}{1.4}}\text{K} = 979.90\text{K}$$

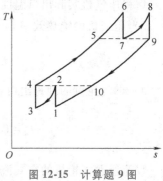

图 12-15 计算题 9 图

空气的流量为 $\quad q_m = \dfrac{p_1\dot{V}}{R_g T_1} = \dfrac{100\times10^3\times24.4}{287\times298.15}\text{kg/s} = $
28.51kg/s

压气机的耗功量为

$$W_C = 2q_m c_p(T_2 - T_1) = 2 \times 28.51 \times 1.004 \times (387.38 - 298.15)\text{kJ/s} = 5108.25\text{kJ/s}$$

燃气轮机的做功量为

$$W_T = 2q_m c_p(T_6 - T_7) = 2 \times 28.51 \times 1.004 \times (1273.15 - 979.90)\text{kJ/s} = 16788\text{kJ/s}$$

循环净功为
$$W_{net} = W_T - W_C = (16788 - 5108.25) kJ/s = 11679.75 kJ/s$$

采用理想回热时，吸热过程为 5-6 和 7-8，故
$$Q_1 = q_m c_p [(T_6 - T_5) + (T_8 - T_7)] = 16788 kJ/s$$

循环热效率为
$$\eta_t = \frac{W_{net}}{Q_1} = \frac{11679.75}{16788} = 69.57\%$$

不采用回热时，吸热过程为 4-6 和 7-8，故
$$Q_1 = q_m c_p [(T_6 - T_4) + (T_8 - T_7)] = 33748.32 kJ/s$$

循环热效率为

$$\eta_t = \frac{W_{net}}{Q_1} = \frac{11679.75}{33748.32} = 34.61\%$$

10. 某燃气轮机装置实际循环，压气机入口参数 $p_1 = 0.1MPa$、$t_1 = 20℃$，压气机的增压比 $\pi = 12$，空气经压气机后熵增加 $0.12kJ/(kg \cdot K)$，燃气透平的入口温度 $t_3 = 1200℃$，相对内效率为 90%，燃气轮机产生的功率为 200MW，燃气可按空气处理。求：

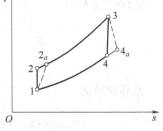

图 12-16　计算题 10 图

1）在 T-s 图上画出循环示意图。

2）压气机实际出口温度。

3）压气机的绝热效率。

4）机组的净输出功率（MW）。

5）循环的热效率。

【解】 1）此循环的 T-s 图如图 12-16 所示。

2）$T_2 = T_1 \pi^{\frac{\kappa-1}{\kappa}} = 293.15 \times 12^{\frac{1.4-1}{1.4}} K = 596.25 K$

$$\Delta s_{1-2a} = c_p \ln \frac{T_{2a}}{T_1} - R_g \ln \frac{p_2}{p_1} = \left(1.004 \ln \frac{T_{2a}}{293.15K} - 0.287 \ln 12\right) kJ/(kg \cdot K) = 0.12 kJ/(kg \cdot K)$$

解得压气机实际出口温度为 $T_{2a} = 672.15 K$

3）压气机的绝热效率为
$$\eta_{Cs} = \frac{T_2 - T_1}{T_{2a} - T_2} = \frac{596.25 - 293.15}{672.15 - 293.15} = 80\%$$

4）燃气轮机的理想出口温度为

$$T_4 = T_3 \left(\frac{1}{\pi}\right)^{\frac{\kappa-1}{\kappa}} = 1473.15 \times \left(\frac{1}{12}\right)^{\frac{1.4-1}{1.4}} K = 724.28 K$$

设流经燃气轮机的空气流量为 m_a kg/s，则有
$$m_a \times 1.004 \times (1473.15 - 724.28) \times 0.9 = 200 \times 10^3$$

解得空气流量 $m_a = 295.56$ （kg/s）

机组的净输出功率为
$$P_{net} = [200 - 295.56 \times 1.004 \times (672.15 - 293.15) \times 10^{-3}] MW = 87.53 MW$$

5）循环的热效率为

$$\eta_{\mathrm{t}} = \frac{87.53 \times 10^3}{295.56 \times 1.004 \times (1473.15 - 672.15)} = 36.83\%$$

11. 试证明：对于活塞式内燃机的等容加热理想循环和燃气轮机等压加热理想循环，如果燃烧前的压缩状态相同，则它们的热效率相等。

提示：请读者复习主教材中燃气轮机等压加热理想循环热效率的计算公式（12-2）以及活塞式内燃机等容加热理想循环热效率的计算公式（12-9）的推导过程，这两个公式的形式不一样，但是都可以进一步变为 $\eta_{\mathrm{t}} = 1 - \dfrac{T_1}{T_2}$。

第 13 章

化学热力学基础

13.1 本章知识要点

1. 基本概念

反应热效应、燃烧焓、生成反应、标准摩尔生成焓、低位热值、高位热值、绝热理论燃烧温度、平衡常数等。

2. 盖斯定律

化学反应不管是一步完成还是分几步完成，其反应焓变或反应的热力学能变相同。★

3. 亥姆霍兹判据★

$$(\mathrm{d}F)_{T,V} \leqslant 0 \tag{13-1}$$

可见，在等温、等容条件下，系统的状态总是自发地趋向亥姆霍兹函数减少的方向，直到亥姆霍兹函数减少到某个极小值时，状态不再自发改变，达到平衡状态。这就是亥姆霍兹函数判据。

4. 吉布斯判据★

$$(\mathrm{d}G)_{T,p} \leqslant 0 \tag{13-2}$$

式（13-2）表明，在等温、等压且不做有用功的条件下，系统一切可能自动发生的变化都只能是 $\Delta G = 0$（可逆过程）或 $\Delta G < 0$（不可逆过程）。在上述条件下，闭口系统内一切可能发生的实际过程都会导致系统吉布斯函数降低，直到系统吉布斯函数减少到极小值时，系统的状态将不再改变，意味着系统达到了平衡状态。换言之，在等温、等压且不做有用功的条件下，闭口系统吉布斯函数减少的过程（$\mathrm{d}G < 0$）是自发过程，吉布斯函数减少到某个极小值，系统达到平衡状态。反之，$\mathrm{d}G > 0$ 的过程是不可能自动发生的，这就是吉布斯判据或称为最小吉布斯函数原理。

5. 质量作用定律

化学反应速度的质量作用定律：当反应进行的温度一定时，化学反应的速度与发生反应的所有反应物的浓度的乘积成正比。

6. 平衡移动的原理★

勒·夏特列于 1888 年总结出平衡移动的定性定律："对于处于平衡状态的系统，当外界条件（温度、压力及浓度等）发生变化时，则平衡发生移动，其移动方向总是削弱或者反抗外界条件改变的影响。"

7. 催化作用

催化剂是一种物质，很少量的这种物质加到反应系统中，就能显著影响反应速度，而它本身在反应前后的化学性质并不发生变化。

催化剂的影响很大，它可以使正反应和逆反应的速度改变几百万倍以上，从而缩短达到平衡的时间，使许多化学反应得以按工业规模进行。任何反应在一定温度下有一定的平衡常数，催化剂不能改变平衡常数。这是因为催化作用既能加快正反应速度，又能加快逆反应速度。另外，催化剂不会改变化学反应的热效应，催化剂加入不能实现热力学上不可能进行的反应。

8. 能斯特定律与热力学第三定律

1906 年，德国化学家能斯特根据低温下化学反应的实验结果，得出一个结论：在可逆等温过程中，当温度趋于绝对零度时，凝聚系的熵趋于不变。这个结论称为能斯特定律，写成数学表达式为

$$\lim_{T \to 0} (\Delta S)_T = 0 \tag{13-3}$$

能斯特定律说明，在接近绝对零度时，如果凝聚系进行了可逆等温化学反应，虽然反应前后物质成分发生了变化，但总熵变趋于零，对此唯一的解释就是不同凝聚物在绝对零度时的熵值相同。

在能斯特定律的基础上，普朗克提出了绝对熵的概念。因为在绝对零度附近的熵是常数，与其他参数的变化无关，故普朗克提出：在绝对零度时，处于平衡态的所有物质的熵均为零。这样，不同物质就有了相同的熵的基准点，据此可确定熵的绝对值，即

$$s = \int_0^T \frac{\delta q}{T} \tag{13-4}$$

在物质分子与原子中，和热能有关的各种运动形式不可能完全停止，因此温度不能达到绝对零度，这样又提出绝对零度不可能达到的理论。表述为：不可能用有限的方法使物系的温度达到绝对零度。这是热力学第三定律的又一种表述方式。

13.2 习 题 解 答

13.2.1 简答题

1. 如果两个独立参数保持不变，则过程是否不能进行？

【答】 对于简单可压缩系统，当两个独立参数保持不变时，系统的状态就确定了，不会有过程发生。对于有化学反应的系统，当两个独立参数保持不变时，化学反应过程仍然可以进行。

2. 为什么煤的热值有高低之分，而碳的热值却可不分高低？

【答】 煤的燃烧产物中有水，如果水以气态形式存在，则煤的热值为低位热值，如果

水以液态形式存在，则煤的热值为高位热值，碳燃烧产物中没有水，故其热值可不分高低。

3. 化学反应实际上都有正向反应与逆向反应在同时进行，这样的反应是否就是可逆反应？为什么？

【答】 在化学反应过程中，反应物之间发生化学反应而形成生成物的同时，生成物之间也在发生化学反应而重新形成反应物。化学反应可以说有正反两方向的反应同时进行，但这并不是可逆反应。

4. 不参与化学反应的物质（如一些惰性气体）存在时是否会影响平衡常数？

【答】 惰性气体的存在能影响平衡组成，但并不影响平衡常数。

5. 有了熵判据，为什么还要引入亥姆霍兹判据和吉布斯判据？吉布斯函数（自由焓）增大的反应是否一定不能进行？

【答】 熵判据适用于与外界没有物质和能量交换的孤立系统，应用范围窄。在有化学反应发生时，系统与外界会有物质或能量的交换，当等温、等容且不做非容积变化功，采用亥姆霍兹判据，当等温、等压且不做非容积变化功，采用吉布斯判据。吉布斯函数（自由焓）增大的反应是可以进行的，但是需要有功的加入，比如电解水。

6. 如何理解化学平衡是动态平衡？

【答】 反应系统处于化学平衡的状态时，反应并没有停止，只是正向反应和逆向反应的速度相等，化学反应过程就不再发展，它处于一种动态平衡，一旦外界条件发生变化，正向反应或逆向反应的速度会改变，但是不久会达到一个新的平衡状态。

7. 正反应的催化剂必然也是逆反应的催化剂吗？

【答】 是的。

8. 温度对化学平衡有何影响？燃料燃烧是否完全与温度的关系是怎样的？

【答】 根据勒·夏特列平衡移动的原理，温度升高化学平衡将向吸热反应方向移动，温度降低化学平衡将向放热反应方向移动。燃料燃烧是一个放热反应，提高温度会加快燃烧反应速度，但是会使燃料燃烧趋于不完全。

13.2.2 计算题

1. 1mol 氧气在 50℃下从 0.1MPa 可逆等温压缩至 0.6MPa，求 W、ΔF、ΔG。

【解】

$$W = \int_1^2 p\mathrm{d}V = nRT\ln\frac{V_2}{V_1} = nRT\ln\frac{p_1}{p_2} = 1 \times 8.314 \times 323.15 \times \ln\frac{0.1}{0.6}\mathrm{J} = -4813.9\mathrm{J}$$

对于可逆等温过程 $\Delta H = \Delta U$，所以 $Q = W$，有

$$G = H - TS \quad \Delta G = \Delta H - T\Delta S = -Q$$
$$F = U - TS \quad \Delta F = \Delta U - T\Delta S = -Q$$
$$\Delta F = \Delta G = -Q = -W = 4813.9\mathrm{J}$$

2. 已知下列反应的反应焓：

$$CO + \frac{1}{2}O_2 =\!=\!= CO_2 \text{ 的反应摩尔焓为 } \Delta H_{m1} = -283190\mathrm{J/mol}$$

$$H_2 + \frac{1}{2}O_2 =\!=\!= H_2O(g) \text{ 的反应摩尔焓为 } \Delta H_{m2} = -241997\mathrm{J/mol}$$

试确定化学反应 $H_2O(g)+CO \rightleftharpoons H_2+CO_2$ 的反应摩尔焓。

【解】
$$CO+\frac{1}{2}O_2 \rightleftharpoons CO_2 \qquad (a)$$

$$H_2+\frac{1}{2}O_2 \rightleftharpoons H_2O(g) \qquad (b)$$

（a）-（b）得 $\quad H_2O(g)+CO \rightleftharpoons H_2+CO_2 \qquad (c)$

所以，（c）反应的反应摩尔焓为 $\Delta H_m = \Delta H_{m1} - \Delta H_{m2} = -41193 J/mol$

3. 已知下列反应在 600℃时的反应焓：

$3Fe_2O_3+CO \rightleftharpoons 2Fe_3O_4+CO_2$ 的反应摩尔焓为 $\Delta H_{m1} = -6.3 J/mol$

$Fe_3O_4+CO \rightleftharpoons 3FeO+CO_2$ 的反应摩尔焓为 $\Delta H_{m2} = 22.6 J/mol$

$FeO+CO \rightleftharpoons Fe+CO_2$ 的反应摩尔焓为 $\Delta H_{m3} = -13.9 J/mol$

求在相同温度下，下述反应的反应摩尔焓为多少？

$$Fe_2O_3+3CO \rightleftharpoons 2Fe+3CO_2$$

【解】
$$3Fe_2O_3+CO \rightleftharpoons 2Fe_3O_4+CO_2 \qquad (a)$$

$$Fe_3O_4+CO \rightleftharpoons 3FeO+CO_2 \qquad (b)$$

$$FeO+CO \rightleftharpoons Fe+CO_2 \qquad (c)$$

$[(a)+2(b)+6(c)]/3$ 得

$$Fe_2O_3+3CO \rightleftharpoons 2Fe+3CO_2 \qquad (d)$$

所以（d）反应的反应摩尔焓为

$$\Delta H_m = (\Delta H_{m1}+2\Delta H_{m2}+6\Delta H_{m3})/3 = 14.83 J/mol$$

4. 试求化学反应

$$CO_2+H_2 \Leftrightarrow CO+H_2O$$

在 900℃下的平衡常数 K_c 和 K_p。已测得在平衡时混合物中各物质的量为 $n_{CO_2} = 1.4 kmol$，$n_{H_2} = 0.8 kmol$，$n_{CO} = 1.2 kmol$，$n_{H_2O} = 1.2 kmol$。

【解】

$$p_i = \frac{n_i}{\sum n_i}p$$

$$K_c = K_p = \frac{p_D^d p_E^e}{p_A^a p_B^b} = \frac{n_{CO} n_{H_2O}}{n_{CO_2} n_{H_2}} = \frac{1.2 \times 1.2}{1.4 \times 0.8} = 1.29$$

5. 由 CO_2、CO 和 O_2 在 2400K、1atm 下组成的平衡混合物，其体积分数分别为 86.53%、8.98%和4.49%。试求在此温度下

$$CO_2 \Leftrightarrow CO+\frac{1}{2}O_2$$

反应的平衡常数 K_p。

【解】 对于理想气体，体积分数即是摩尔分数，因此各气体的分压力为

$$p_{CO_2} = 0.8653 \times 1.013 \times 10^5 Pa = 0.877 \times 10^5 Pa$$

$$p_{CO} = 0.0898 \times 1.013 \times 10^5 Pa = 0.091 \times 10^5 Pa$$

$$p_{O_2} = 0.0449 \times 1.013 \times 10^5 Pa = 0.045 \times 10^5 Pa$$

因此，反应的平衡常数为

$$K_p = \frac{p_{CO}p_{O_2}^{0.5}}{p_{CO_2}} = \frac{0.091\times10^5\times(0.045\times10^5)^{0.5}}{0.877\times10^5}Pa^{0.5} = 6.96Pa^{0.5}$$

6. 已知反应 $2SO_3(g) = 2SO_2 + O_2(g)$ 在 1000K 时的平衡常数 $K_p = 2.94\times10^{10}Pa$，分别求下列反应的平衡常数 K_p。

$$2SO_2 + O_2(g) \Leftrightarrow 2SO_3(g)$$

$$SO_3(g) \Leftrightarrow SO_2(g) + \frac{1}{2}O_2(g)$$

【解】 对于反应 $2SO_3(g) = 2SO_2 + O_2(g)$，其平衡常数为

$$K_p = \frac{p_{SO_2}^2 p_{O_2}}{p_{SO_3}^2}Pa = 2.94\times10^{10}Pa$$

因此反应 $2SO_2 + O_2(g) = 2SO_3(g)$ 的平衡常数为

$$K_p = \frac{p_{SO_3}^2}{p_{SO_2}^2 p_{O_2}} = \frac{1}{2.94\times10^{10}}Pa^{-1} = 3.4\times10^{-11}Pa^{-1}$$

反应 $SO_3(g) = SO_2 + \frac{1}{2}O_2(g)$ 的平衡常数为

$$K_p = \frac{p_{SO_2}p_{O_2}^{0.5}}{p_{SO_3}} = (2.94\times10^{10}Pa)^{0.5} = 1.71\times10^5 Pa^{0.5}$$

附 录

附录 A 模拟期末试题（二维码）

附录 B 模拟研究生入学试题（二维码）

　　请扫描上方二维码下载相关试题文档，如遇网络等问题导致无法下载，可发送院校、班级信息至 cmpedu@ qq. com，索取相关试题文档。关于本书的其他问题也可反馈至上述邮箱。

参考文献

[1]　王加璇. 工程热力学［M］. 北京：水利电力出版社，1992.

[2]　王加璇. 热工基础及热力设备［M］. 北京：水利电力出版社，1987.

[3]　宋之平，王加璇. 节能原理［M］. 北京：水利电力出版社，1985.

[4]　王修彦. 工程热力学［M］. 北京：机械工业出版社，2008.

[5]　张晓东，李季. 热工基础习题详解［M］. 北京：中国电力出版社，2016.

[6]　王修彦，张晓东. 应用热工基础［M］. 北京：中国电力出版社，2018.

[7]　沈维道，蒋志敏，童钧耕. 工程热力学［M］. 3 版. 北京：高等教育出版社，2001.

[8]　欧阳梗，李继坤，等. 工程热力学［M］. 2 版. 北京：国防工业出版社，1989.

[9]　朱明善，刘颖，林兆庄，等. 工程热力学［M］. 北京：清华大学出版社，1995.

[10]　曾丹苓，敖越，张新铭，等. 工程热力学［M］. 3 版. 北京：高等教育出版社，2002.

[11]　严家騄，王永青. 工程热力学［M］. 北京：中国电力出版社，2004.

[12]　严家騄，余晓福，王永青. 水和水蒸气热力性质图表［M］. 2 版. 北京：高等教育出版社，2004.

[13]　张学学，李桂馥. 热工基础［M］. 北京：高等教育出版社，2000.

[14]　华自强，张忠进. 工程热力学［M］. 3 版. 北京：高等教育出版社，2000.

[15]　邱信立，等. 工程热力学［M］. 2 版. 北京：中国建筑工业出版社，1985.

[16]　程兰征，章燕豪. 物理化学［M］. 2 版. 上海：上海科学技术出版社，2003.

[17]　童景山. 化工热力学［M］. 北京：清华大学出版社，1995.

[18]　庞麓鸣，汪孟乐，冯海仙. 工程热力学［M］. 2 版. 北京：高等教育出版社，1986.

[19]　何雅铃. 工程热力学精要解析［M］. 西安：西安交通大学出版社，2014.

[20]　霍尔曼. 热力学［M］. 曹黎明，等译. 北京：科学出版社，1986.